길찾기

"찢어죽이겠다!"

"르카!"

나는 검을 꼬나들고 달려들었다.
르카 역시 눈이 뒤집혀서 나를 붙잡으려 한다.

초코
초코 우유
Ch olate
MILK
메타트론은 르카와 싸우는 날 배경으로
공중에서 셀카를 찍었다.
셀카봉까지 써서 아주 본격적으로.

"이건 다슬기라고 하는 거란다.
메타트론 너처럼 겉은 딱딱하지만
속은 여린 녀석이지."

"호? 그것이 무엇이냐?"

CONTENTS

2

글 박제후
일러스트 ICE

프롤로그

유제아, 어서 와.

기다리고 있었어.

요즘 노량진 생활은 어때?

아, 역시 힘들겠지. 몰려든 클랜 간의 이권 다툼으로 시끌시끌하니까.

아주 웃긴다니까.

사실 노량진의 진정한 주인은 너랑 메타트론인데.

그래도 네가 참아, 유제아.

어쩔 수 없는 일이니까.

이 넓은 땅을 둘이서만 지킬 수는 없잖아.

어라라? 가능하다고?

기가 막혀. 어이없지만 너다운 대답이네.

아마 메타트론도 같은 뜻이겠지. 정말 유유상종이라더니.

뭐? 나도 미카엘라님이랑 유유상종 아니냐고?

호호호, 너 지금 내가 미카엘라님이랑 닮았다고 한 거야?

음, 단 걸 좋아하는 건 비슷하지.

하지만 말이야. 유제아.

너는 미카엘라님을 잘 몰라.

그때 너는 미카엘라님의 아주 단편적인 부분을 일부 봤을 뿐이야. 그저 부드럽고 따뜻한 일부분을.

뭐? 그러면 어떤 분인지 좀 설명해 달라고?

에이, 말해도 안 믿을 걸.

음… 좋아. 오늘 술값은 네가 낸다면.

일단 그 분은 말이야.

평소에는 봄날의 태양처럼 따뜻하고 부드러운 분이시지. 뭔가 엄청 멋진 언니 같은 스타일이잖아. 애니로 치면 문무겸전이자, 학원 제일 미소녀인 학생회장 스타일 말이야. 게다가 반칙에 가까운 가슴과 반짝이는 금발은 어떻고.

너도 라이트 노벨 좀 즐겨 본다며?

그러면 알겠지만 원래 금발거유가 깡패잖아.

흐음…. 있지, 그 점에 대해 공감하는 건 알겠는데 그렇게 크게 고개를 끄덕이지 말아줄래? 좀 기분 나쁘거든?

아무튼, 외형과 성격 일부만 보면 그린 듯한 여자지.

남자의 이상형.

포용력 있는 누님.

내겐 의지가 되는 너무 멋진 언니 캐릭터고.

그렇지만 너도 알다시피 미카엘라님 주변에는 아무도 없잖아?

아, 그거 너무 높은 카리스마 수치 때문 아니냐고?

물론 그것도 한 가지 이유지.

하지만 과연 그것 때문에 그럴까?

미카엘라님이 그렇게 따뜻하기만 한 분이셨다면 그 카리스마 수치가 그렇게 큰 장애였을까?

있지, 대천사로서 카리스마 수치는 미카엘라님보다 메타트론이 더 높아. 인정하긴 싫지만 과연 서열 1위라고 할까.

하지만 너는 그런 메타트론에게 반말을 하며 친근하게 대하지. 그런데 이런 게 꼭 네가 화신이기 때문일까? 난 아니라고 봐. 나는 세계에 부여할 힘을 게임에서 참고해 만들 때 관여한 천사는 아니라 정확히 모르지만…, 친근한 존재에게까지 카리스마 수치가 그리 심리적인 압제를 계속 가한다고 생각하지 않아.

자, 그러면 생각해 봐.

그렇다면 왜 미카엘라님 주변에는 아무도 없을까?

답은 간단해.

그분은 그분 나름대로 마음속에 뒤틀림이 있는 분이라 그래, 그리고 미카엘라 클랜의 중진은 대부분 미카엘라님의 그런 심연을 들여다 본 자들이지.

한 번이라도 미카엘라님의 마음 속 깊은 곳의 어둠을 본 자들은 이후 그분 앞에서 제대로 고개를 들지도 못해. 사냥터를 호령하는 고위 헌터조차 두려움에 빠진다고 하지.

미카엘라님은 필요하면 누구보다도 과감하고 잔인해지는 분이셔. 옆에서 보면 놀랄 정도로 이중적이고 파괴적인 모습을 갖고 계신다고. 그분은 상냥한 여신이면서 동시에 싸움을 즐기는 군신이기도 해.

안 믿긴다고?

그래서 내가 처음부터 그럴 거라고 했잖아.

상관없어. 앞으로 미카엘라님을 보다보면 너도 알게 될 테니까. 내가 미리 이걸 말해주는 건 네가 실망하지 않았으면 해서야. 많은 자들이 미카엘라님의 겉모습만을 보며 자애롭고, 따뜻하다고 제멋대로 판단하지.

하지만 이내 미카엘라님의 행동에 실망하거나 두려움에 빠져 멀리하게 돼. 미카엘라님 본인은 그런 부분에 대해 자각이 별로 없는 것 같지만.

유제아.

미카엘라님은 태양이야.

그 빛이 따뜻하긴 하지만, 고개를 들어 계속 쳐다볼 수는 없어. 만약 그 빛을 보고자 한다면 선글라스가 필요하겠지. 그래서 미카엘라님의 곁에 오래 있는 자들은 그런 선글라스를 하나씩 갖고 있어. 보고도 모른 척, 듣고도 이해하지 못하는 척, 언제나 한 발짝 떨어진 거리를 유지하는, 그런 선글라스들을.

유제아, 너도 태양빛에 실명하기 싫으면 선글라스를 하나 마련하는 게 좋을 거야. 언젠가 미카엘라님이 네 마음을 부술 정도로 잔인한 행동을 할 때 그 선글라스를 껴줘. 그리고 계속 그 분의 곁에 있어줘.

미카엘라님은 네가 꽤 마음에 든 거 같거든.

만약 네가 지금까지의 많은 자들처럼 두려움에 빠져 고개를 푹 숙인다면, 미카엘라님은 실망할 거란 생각이 들어.

내가 할 말은 그것뿐이야.

음? 나도 선글라스를 가지고 있냐고?

아니, 나는 그런 선글라스는 없어.

그런데 어떻게 괜찮냐고?

히히.

그거야 간단하잖아.

스이엘은 바보니까.

난 복잡한 건 잘 모르는 걸?

그리고 내가 보기에 미카엘라님은 정말 멋진 분이니까, 그걸로 됐다고 할까?

1. 닭의 울음소리를 잘 내는 사람과 개의 흉내를 잘 내는 좀도둑

노량진에 신성지가 생긴 뒤로 이 주가 흘렀다.

누구도 적지 한 가운데 이런 신성지가 생기리라 예상하지 못했겠지. 나도 가끔은 이게 꿈인가 싶을 때가 많다. 그런데 메타트론은 벌써부터 좀이 쑤시나 보다.

"어서 다음 목표를 정하자꾸나! 유제아!"

메타트론이 호기 어린 표정으로 지도의 한 곳을 가리켰다. 한강철교라……. 사실 자연스러운 결정이다.

노량진에는 우리만 있는 게 아니다.

지난 싸움의 전공으로 우리엘은 노량진의 서쪽 땅을, 미카엘라는 노량진의 동쪽 땅을 받았다. 그리고 그들은 각자 서진, 동진할 예정이다.

남은 건 남쪽과 북쪽인데 메타트론의 성격상 남쪽을 택할 리는 없다. 그렇다면 노량진에서 북으로 향하기 위해선 한강철교 점령이 필수다. 그곳을 통하면 용산역까지 바로 이어진다.

"일단 알겠는데, 그 전에 여기서 할 일이 많다고."

"끄응, 그런 것이냐?"

메타트론은 다소 못마땅하단 기색으로 지도에서 시선을 거둔다. 그녀도 지금 노량진에 일이 넘쳐난다는 걸 알고 있으니 당분간은 입 다물고 있겠지.

게다가 메타트론은 신성지 안에서 잃어버린 힘을 되찾아야 한다. 한강철교 공격이라니, 한동안은 어림없는 일이지. 그녀가 자유롭게 살던 시절은 끝났다. 분신을 만들어 노량진 밖으로 나갈 수도 있지만 본체만큼은 힘을 쓰지 못한다.

"역시 신성지는 족쇄다. 좋겠구나, 유제아여. 나처럼 귀여운 여자를 이런 방구석에 가둬놓고 독점으로 대할 수 있으니. 하! 실로 완전한 사육이 아닌가."

우리는 불과 이 주일 만에 급격히 친해졌다. 본체와 화신이란 특별한 관계에다가 줄곧 붙어 있을 수밖에 없으니 당연한 결과였다. 그래서 심심하면 서로 농담을 하는 사이가 되었는데 다른 헌터들이 이런 모습을 본다면 경악에 입을 다물지 못할 거다.

"누가 들으면 오해할 만한 발언 좀 하지 말라고, 좀."

노량진의 건물은 거의 다 사라졌지만 일부는 급한 대로 사용하려고 남겨뒀다. 메타트론 신성지의 중심인 성소가 위치할 장소가 필요했기 때문이었다. 그게 겨우 일곱 평짜리 원룸이란 게 안타까웠지만. 과거 수험생을 받기 위해 만들어진 이 원룸은 신축으로 깨끗한 편이었다. 게다가 풀옵션 원룸이라 당장 사는데 필요한 것들이 구비된 게 매력이었다.

"쇼핑을 해서 부족한 것만 채워 넣으면, 당분간은 버틸만 하겠어."

나는 만족스럽게 고개를 끄덕였다. 그래도 원룸은 대천사의 성소로는 많이 좁겠지. 그 때문에 메타트론은 지도를 자기 침대 위에 펼쳐 놓고 있었다. 약간은 뚱한 표정으로 올려다보기에 한 마디 해줬다.

"좁냐? 그러면 밖에 좀 나다니면 되잖아, 이 방구석 폐인아."

"그렇지만 밖에는 헌터들이 돌아다니잖나. 본녀는 사실 사람 많은 곳에 약하다. 그리고 뭔가 좁은 곳에서 느껴지는 안정감이 나쁘지 않다."

노량진 안이라면 본체로도 어딜 가든 문제가 없는데, 메타트론은 이 작은 원룸에서 나갈 생각은 안 한다. 이제 보니까 이 녀석 상당히 방구석 폐인 기질이 있었다. 오랜 세월 떠돈 것에 대한 반동이라고 할까. 성소에 들어온 이후로는 도무지 밖에 나가려고 하지 않는다. 이불 밖은 위험하다나? 그저 하루 종일 침대 위에서 과자를 먹고 만화책을 본다. 알면 알수록 뭔가 서열 1위의 지엄한 대천사 이미지와는 괴리가 심해진다.

"유제아, 침대가 따끔따끔 거린다."

"…과자 부스러기 때문에 그렇지."

메타트론은 기가 막힌 꼴을 하고 있었다. 자기가 흘린 과자 부스러기에 밀려나 결국 침대 구석에서 옹색한 자세로 만화책을 읽고 있었던 것이다.

"하…."

입에서 장탄식이 절로 나온다.

"자자, 비켜봐."

과자 부스러기를 털다가 아예 시트를 새 걸로 갈아줬다. 그러자 메타트론이 침대에서 굴러다니며 기뻐한다.

"꺄하하! 침대가 다시 뽀송뽀송 부드럽지 않느냐."

혁이 형이 키우던 작은 강아지가 생각난다. 작은 말티즈였는데 목욕을 하고 나오면 이불 위에서 뒹굴며 좋아하곤 했다. 지금 모습이 딱 그렇다.

"유제아, 제법 성실하게 본녀를 돌봐주고 있구나. 아무래도 본녀도 답례를 해야겠군."

기분이 좋아졌는지 넉넉한 마음 씀씀이를 보여주는 메타트론. 콧대를 높이며 나서는 걸 보니 뭘 하려는지 알겠다. 전투가 아닌 일상에선 서투른 그녀지만 유일하게 하나 잘하는 게 있었으니까.

"알았어, 기대할게. 나는 일이 있어서 나가봐야 하니까."

"그래! 잘 다녀 오거라."

현재 노량진은 여기저기서 공사 중이다.

이곳에 온 각 클랜에서 필요한 시설을 짓느라 하루 종일 공사의 소음이 가시질 않았다. 사방에 흙먼지가 황사처럼 뿌옇게 날아다녔다. 우리 메타트론 클랜에서 짓고 있는 건물도 여러 채라 나는 공사감독을 하느라 바빴다. 그때 폰이 울렸다.

띠링!

—이 불효막심한 놈아. 언제 와. 누나 외로워. 보고 싶다고!

웃기네. 내가 지 자식도 아니고 뭔 불효막심. 그래도 누나한테 미안한 게 많아서 저자세가 될 수밖에 없다. 최근에 노량진에 들어온 뒤 바빠서 누나를 못 본지도 꽤 됐다. 게다가 은퇴한다고 해놓고 화신이 되어 버렸다. 이 일을 어찌 설명해야 할지.

—미안, 내일은 꼭 갈게. 그리고 그간 사정도 다 설명할 테니까.

뭔가 눈치를 챈 건지 공연히 불안한 건지, 원래 남동생에 대한 집착이 있었던 누나는 그 증세가 더욱 심각해졌다. 일도 중요하지만 일단 누나부터 만나고 와야겠다. 책상 위에 쌓인 설계도를 치우고 외출 준비를 했다. 나는 메타트론의 옆집에 산다.

띵동.

일단 메타트론에게 말하고 안양에 다녀와야지.

"들어 오거라."

안으로 들어가자 메타트론이 앞치마를 두르고 요리를 하고 있었다. 보기와 다르게 이 녀석 상당히 요리에 능숙하다. 보통 이런 캐릭터는 요리를 잘 못 하던데, 메타트론은 달인의 경지다. 어째서냐고 물으니 혼자 차려먹느라 이리 되었다고.

다다다닥!

도마 위의 칼질이 경쾌했다. 재료를 손보는 메타트론의 입가에 작은 미소가 걸려있었다. 요리를 하면 마음이 편해지기라도 하는 걸까.

"마침 좋을 때 왔다. 이리 와서 본녀의 볶음밥을 먹어 보거라. 절찬해도 좋을 것이다."

꽤 들떠 보인다. 작게 노래를 흥얼거렸다.

서열 1위 대천사의 수제 요리라니 뭔가 거창하다.

치이익-.

재료가 볶아지는 소리가 듣기 좋다. 고소한 냄새도 코를 계속 간질였다. 뭣보다 좋은 건 앞치마를 하고 요리에 집중하고 있는 메타트론의 뒷모습이었다.

커다란 날개는 평상시에는 귀여울 정도로 아담한 크기가 된다. 마치 큐피트의 작은 날개 같았다. 그리고 본인은 의식하지 못하는 모양인데, 요리가 완성되어 가는 게 기쁜지 살랑살랑 엉덩이를 흔들고 있었다.

"흥~♪흐응~♬"

이 녀석은 늘 겉으로는 체면을 중시하고 가식적인 모습을 보여주지만, 요즘 내 앞에선 이렇게 무방비하다. 아무래도 내가 그녀의 화신이 된 탓이겠지.

"다 됐다. 이 요리에 어울리는 칭찬을 준비하는 게 좋을 것이다."

눈앞에 반짝이는 볶음밥이 그 자태를 한껏 드러내고 있다. 역시 자신작이라 그건가. 급히 먹어치우려고 하자 메타트론이 작게 웃으며 숟가락을 건넨다.

"그렇다고 손으로 퍼먹지는 말거라."

아차, 향기에 홀려서 하마터면 인도인이 될 뻔했다.

메타트론은 아기를 돌보는 것처럼 내 손에 숟가락을 쥐여 주고는, 허벅지에 냅킨을 깔아주었다. 나는 제대로 고맙다고 하지도 못한 채, 숟가락으로 볶음밥을 정신없이 퍼먹기 시작했다. 그 정도로 사람을 홀리는 향기였다.

"우읍! 마, 맛있다!"

볼 안에 볶음밥이 가득가득 찬다. 그와 함께 행복감 역시 가슴에 차올랐다. 볶음밥 하나로 이렇게 행복해질 수 있다니.

"물도 마시면서 천천히 먹거라. 모자라면 더 볶을 터이니."

결국 세 그릇이나 더 먹고서야 나는 배를 두들기며 늘어졌다.

"참으로 소 같은 남자로다. 먹고 나서는 바로 눕는 것이냐? 그것도 본녀의 침대를 서슴없이 쓰려고 하다니, 참 남녀 간의 내외라고는 모르는 놈이로고."

자기 침대에 곧장 누워버리자 메타트론이 타박을 한다. 그러면서도 쿠션을 가져와 내 옆에 앉더니 재잘재잘 떠든다. 나는 볶음밥을 얻어먹은 대가로 메타트론의 수다에 어울려줬다.

"그래? 그래서?"

적당히 맞장구를 쳐주자 메타트론은 더 신 나서 떠든다.

"미카엘라가 또 주책 맞게 큰 가슴을 자랑하기에 아주 기가 막히더구나. 그 특유의 무표정으로 당연하다는 듯 뻐기는 꼴을 보면 없던 혈압이 생기는 기분이다."

꽤 원한이 느껴지는 말투인데. 실제로 자랑하진 않았겠지. 둘이 지금 여러 가지로 냉랭한 관계니까. 그래도 메타트론은 미카엘라만은 믿는다고 했다. 말투를 들어보니 언젠가 미카엘라와 화해할 걸 기대하는 것 같았다.

"나도 여자의 가슴은 크기보다, 모양과 탄력이라고 생각해."

내 말에 메타트론이 주먹으로 손바닥을 때리며 즉각 반응한다.

"그렇지! 잘 말해줬다! 유제아 너도 가끔은 쓸만한 말을 하는구나."

사실 모양과 탄력도 크기가 받쳐준다는 전제하에 가능한 얘기지만, 평화를 위해 입을 닫고 있자.

"유제아, 크기만 한 가슴을 좋아하는 남자들도 문제가 있다고 본다."

흠… 내 의견으로는 큰 가슴을 좋아하는 남자는 단순하고 정직한 사람이라고 생각한다.

믿을 수 있는 스타일이라고 할까.

오히려 게임 할 때 가슴 크기를 최저치로 하는 스타일이 위험한 거 아닌가?

"역시 그렇겠지?"

그래도 적당히 맞장구를 쳐줬다. 그러다가 여기에 온 용건을 떠올렸다.

"메타트론, 나 안양에 좀 갔다 올게. 누나를 본지 오래됐어."

메타트론은 고개를 끄덕인다.

"의당 가족을 챙길 일이다. 누나를 아끼거라, 유제아. 가족이 있다는 것이 부럽구나."

"영 시끄러운 누나라 말이지."

"그렇게 말해도 누나란 말이 나오자 표정이 부드러워지지 않느냐?"

어? 그랬나.

당황해서 헛기침으로 얼버무리고 말았다. 그러자 메타트론은 재밌다는 듯 한 손으로 입을 가리며 웃는다.

"쿡쿡쿡. 그것보다 커피 마시겠느냐?"

"커피 좋지."

메타트론은 곧 부엌으로 가더니 묻는다.

"설탕 몇 개?"

"안 넣는데."

"오오! 블랙이라니. 유제아, 너는 어른이 아니더냐."

메타트론은 놀란 듯 눈을 동그랗게 뜬다. 그나저나 블랙이면 어른인가. 하긴, 초코우유 마니아인 메타트론의 눈엔 그렇게 보일지도 모른다. 그렇게 커피를 홀짝이고 있는데 메타트론이 묻는다.

"그런데 말이다."

"음?"

"레벨 업은 안 하는 것이냐? 지난번에 우룩켈을 죽였으니 경험치를 많이 획득했을 터. 레벨 업은 자동이 아니라 레벨 업 버튼을 누르게 되어있다. 설마 깜빡한 것이냐?"

아차.

바쁘기도 했고 이 시스템 자체가 낯설어 생각을 못 했다. 메타트론은 한 가지 더 지적해 줬다.

"그리고 타이틀도 달거라, 유제아. 타이틀은 효과가 다르지만 능력치를 올려준다. 그리고 네 정체성을 설명하는 간판이 되니 다른 헌터를 만날 때 유용할 것이다."

헌터끼리는 상대의 이름이나 타이틀이 보인다. 그 때문에 타이틀은 명함이나 그 사람의 아이덴티티가 된다. 예를 들면 외눈박이를 죽인 누구누구, 폭염의 누구누구, 이런 식이다.

"그래야겠네."

나는 대천사님께서 손수 타주시는 커피를 마시며 상태 창을 열었다. 과연 레벨 업을 안 해서 그런지 지난번과 달라진 게 없었다. 아래쪽을 살펴보자 붉은 색으로 레벨 업이라는 버튼이 보인다. 전에는 회색으로 누를 수 없게 되어 있었는데 경험치가 쌓여서 변한 모양이다.

좋아. 나는 일단 레벨 업 버튼부터 눌렀다.

－레벨 업 하시겠습니까?

주저할 거 없지. 즉각 '예' 버튼을 눌렀다.

－축하합니다. 당신은 이제 S등급 히든 클래스인 메타트론의 화신 레벨2가 되었습니다.

눈앞에 시스템 창이 뜬다.

힘 +10

지능 +10

지혜 +10

민첩성 +10

건강 +10

카리스마 +7

의지 +7

행운 +2

치료가 A등급으로 업그레이드됩니다.

스킬 포인트 +5를 받았습니다.

원하는 능력에 배분하세요.

능력치가 차곡차곡 모두 올랐다. 게다가 치료가 A등급이 돼 치유력이 상승한 건 매우 요긴했다. 그런데 스킬 포인트는 뭐지? 살펴보니까 포인트를 투자해 원하는 능력을 얻은 뒤, 심화까지 할 수 있는 것이었다.

포인트를 분배할 수 있는 스킬의 종류는 많았다.

제한된 시간 동안 무적, 마정석 탐지, 전투 연금술, 심연의 괴물소환, 몬스터 도둑질 등 가지각색이다. 거의 백여 개나 되는 능력이 있어서 보는 순간 눈이 핑핑 돌았다. 그러던 중 나는 눈에 확 들어오는 능력을 발견했다.

바로 지배였다.

그야말로 메타트론의 화신에게 어울리는 능력. 게다가 귀찮음이 많은 내 성격에도 딱이다. 지배를 이용해 누군가 나 대신 싸우게 한다면 최고겠지. 그래서 나는 곧장 5포인트를 모두 지배에 투자했다.

"에? 유제아. 능력에 투자는 균형있게 하는 게…."

메타트론은 다양한 능력을 여러 개 얻은 뒤에 주력으로 쓸 것에 집중 투자하라고 조언해 준다.

"나는 지배가 마음에 들었다고."

"……흐음, 네가 그렇다면 어쩔 수 없는 것이지만."

그렇게 레벨 업에 만족했는데, 이상한 점을 발견했다.

뭐지?

레벨 업 버튼은 아직 붉은 색이었다.

더 되는 건가?

다시 한 번 눌러보자 레벨 업 하시겠습니까? 란 메시지가 떴다.

이럴 수가. 한 번 더 레벨 업을 할 수 있구나.

나는 주저 없이 예를 눌렀다.

–축하합니다. 당신은 이제 S등급 히든 클래스인 메타트론의 화신 레벨3이 되었습니다.

힘 +10

지능 +10

지혜 +10

민첩성 +10

건강 +10

카리스마 +7

의지 +7

행운 +2

새로운 **A등급 스킬 방패 튕기기**가 사용 가능해집니다. 방패가 연달아 목표 사이를 튕겨 다니며 다수의 적에게 피해를 줍니다.

원소 저항력이 5% 추가로 오릅니다.

스킬 포인트 +5를 받았습니다.

원하는 능력에 배분하세요.

"오, 3레벨이다!"

생각지도 못한 추가 레벨 업에 나는 주먹을 불끈 쥐었다. 원래 예상 가능한 선물보다 예상 밖의 선물이 더 마음을 뛰게 하는 법이다. 길 가다 돈이라도 주운 기분이었다.

나는 스탯이 올라간 상태 창을 다시 살피며 함박웃음을 지었다. 게다가 방패 튕기기는 다수의 적을 제압하기 유효해 보였다. 한 번 방패를 던지면 적 사이에서 고전 게임인 블록 깨기처럼 날아다닌다고 한다.

그리고 다시 받은 스킬 포인트. 이번에도 귀찮아서 지배에 모조리 때려 박았다. 그러자 메타트론이 손을 뻗어 말려온다.

“이런 무식한 자를 보았나. 온갖 유용한 능력이 많지 않느냐. 1포인트만 분배해도 다섯 개의 새롭고 유용한 능력을 획득할 수 있는 것이다. 자고로 싸움에 임할 때는 꺼낼 칼이 많아야 유리한 법.”

“맞는 말이긴 하지만 난 선택과 집중이 좋아.”

결국 기어코 모두 5포인트를 지배에 때려 박았다.

“정말 못 말리겠군.”

메타트론은 손바닥으로 이마를 짚는다.

“지배의 천사의 화신다워서 좋잖아?”

그런데 상태 창을 보니 레벨 업 버튼에 아직 붉은 색이 남은 걸 발견했다.

“또?”

대체… 우룩켈을 잡고 경험치를 얼마나 먹었던 거야.

나는 다시 버튼을 눌렀다.

－축하합니다. 당신은 이제 S등급 히든 클래스인 메타트론의 화신 레벨4가 되었습니다.

힘 +10
지능 +10
지혜 +10

민첩성 +10

카리스마 +7

의지 +7

행운 +2

마력 회복률이 20% 추가로 오릅니다.

클래스 특전 재생이 **향상된 재생**으로 바뀝니다.

스킬 포인트 +5를 받았습니다.

원하는 능력에 배분하세요.

"좋아!"

히든 클래스라 그런지 레벨 업을 할 때마다 스킬을 확실히 강화해 주는구나. 내가 알기로 마력 회복률 5%, 8% 정도에도 마법사 클래스는 목숨을 건다는데, 한 번에 후하게 20% 추가를 팍 퍼주네.

그리고 이번에도 받은 스킬 포인트는 지배에 올인 했다. 메타트론은 날 기가 막힌다는 듯 보지만 더는 말리지 않는다.

"뭔가 희한한 캐릭터가 탄생할 것 같은 기분이구나."

"특색 있어서 좋잖아?"

"그래 뭐, 네가 마음에 든다면 본녀는 상관하지 않겠다."

"그건 그렇고 이제 끝이군."

상태 창을 보자, 이번에는 레벨 업 버튼이 회색으로 변해있었다.

나는 어쩐지 안도감을 느꼈다. 너무 과도한 건 걱정을 동반하기 마련이다. 아무튼 생각지도 못하게 한 번에 3계단을 뛰어올랐다. 달라진 상태 창은 다음과 같았다.

이름 유제아(메타트론 클랜의 권속)

클래스 메타트론의 화신(S등급 히든 클래스)

레벨 4

클래스 특전 영웅의 기본 능력치, 추가 능력치 +50, 원소 저항력 +25%, 마력 회복률 +120%, 부활, 향상된 재생, 질병에 면역, 강한 정신력.

힘 185 (기본 60, 클래스 특전 +50, 태양 신격의 방패 +75)

지능 182 (기본 57, 클래스 특전 +50, 태양 신격의 방패 +75)

지혜 209 (기본 84, 클래스 특전 +50, 태양 신격의 방패 +75)

민첩성 215 (기본 90, 클래스 특전+ 50, 태양 신격의 방패 +75)

건강 197 (기본 72, 클래스 특전 +50, 태양 신격의 방패 +75)

카리스마 237 (기본 112, 클래스 특전+ 50, 태양 신격의 방패 +75)

의지 273 (기본 148, 클래스 특전 +50, 태양 신격의 방패 +75)

행운 163 (기본 38, 클래스 특전 +50, 태양 신격의 방패 +75)

특수 능력 : 현현(S등급. 하루에 한 번), 몬스터 지배(S등급. 하루에 세 번), 위엄 발현(A등급. 하루에 다섯 번), 치료(A등급. 하루에 열 번), 방패 튕기기(A등급. 제한 없음. 마력의 양만큼 사용 가능)

엄청 좋아졌네. 그나저나 한 번에 레벨4라니, 이래도 되는 건가?

메타트론에게 이 점을 묻자 그녀는 차분하게 대답해 주었다.

"당연하지 않느냐. 군주급이 뉘 집 개 이름인 줄 아느냐. 뛰어난 공훈에는 그만큼 시스템이 보답하기 마련이다. 오히려 생각보다 레벨 업을 못 했다고 봐도 된다. 유제아 네가 일반 클래스였으면 한 번에 20레벨은 넘어가지 않았을까 싶다. 하지만 본녀의 화신은 S등급 히든 클래스니라. 다른 직업보다 레벨 업 하기 훨씬 어려운 것이지. 상위 직업의 고충 정도로 생각하려무나."

일반 클래스였으면 버튼 계속 누르기도 힘들 뻔했다.

"타이틀도 어서 달아 보거라, 유제아."

상태 창의 이름 옆에는 타이틀 항목이 있었다. 내가 기억하는 타이틀은 럭키 가이랑 기연왕인데 그 외에도 타이틀이 많이 생겨있었다.

[히든 클래스]
당신은 히든 클래스 레벨을 한 단계 올렸습니다.
의지 +30, **지혜** +15, **힘** −10

[메타트론의 화신]
당신은 대천사 메타트론의 화신이 되었습니다.
전 능력치 +30, **마법 저항력** +10%

[군주 우룩켈을 살해한]
당신은 군주급 몬스터 우룩켈을 살해했습니다.
힘 +67, **카리스마** +20, **지혜** −12

보니까 [메타트론의 화신]과 [군주 우룩켈을 살해한] 이 두 가지 타이틀이 괜찮았다. 상황에 맞춰서 적당한 타이틀을 달면 될 듯했다.

좋아, 그러면 무슨 타이틀을 달까? 나는 손을 [군주 우룩켈을 살해한] 타이틀로 가져갔다. 역시 이 타이틀이 제일 멋진 것 같아. 그런데 갑자기 앞쪽에서 서글픈 분위기가 피어오른다.

시무룩.

무표정하던 메타트론이 좀 풀이 죽은 얼굴로 고개를 숙이고 있다. 입이 좀 튀어나온 게 불만스러운 얼굴이다.

"좋겠구나, 멋진 타이틀을 선택할 수 있어서."

그리고 나직하게 중얼거리는 소리도 들렸다.

"밥 열심히 볶았는데……. 커피도 탔는데……."

딱히 강요하는 건 아니지만 엄청난 압박이 느껴졌다. 그래서 나는 차마 [군주 우룩켈을 살해한] 타이틀을 선택하지 못하고 손가락을 [메타트론의 화신]으로 가져갔다.

활짝.

날 지켜보고 있던 메타트론이 초코우유를 발견했던 때처럼 방긋 웃었다. 뭐지, 이 알기 쉬운 반응은?

곧 나는 다시 [군주 우룩켈을 살해한] 타이틀로 손가락을 가져갔다.

부들부들.

이번에는 메타트론이 작은 양 주먹을 꽉 쥔 채 눈앞의 상태창을 노려다 본다. 그래서 손가락을 [메타트론의 화신]으로 옮겼다.

활짝.

그러자 메타트론은 환하게 웃는다. 뭐야, 이 부침개 뒤집는 것처럼 쉽게 변하는 감정은. 나는 장난기가 발동해 그 뒤로 몇 번 손을 더 옮겼다.

부들부들.

활짝.

시무룩.

방긋.

이래서는 선택의 여지가 없었다.

결국 나는 [메타트론의 화신]을 선택했다. 그러자 메타트론이 만족해하며 혼자 고개를 끄덕였다.

"좋은 타이틀을 달았구나. 암암, 의당 그래야지."

–이제부터 다른 헌터의 타이틀을 볼 수 있습니다. 당신의 타이틀 역시 다른 헌터에게 보여집니다.

그렇구나. 이제부터 다른 헌터의 타이틀도 볼 수 있다니, 앞으로 재밌어질 듯했다.

안양으로 돌아오자 지아 누나의 열렬한 환영을 받을 수 있었다. 그렇기 때문에 은퇴를 번복하고 화신이 됐다고 고백하는 건, 정말 엄청난 일이었다. 그리고 그 후폭풍이 대단했음은 말할 필요도 없다.

화난 누나를 달래는 건 정말 진땀 빠지는 일이었다. 거의 나흘 이상 걸렸는데, 솔직히 말하자면… 메타트론과 함께 노량진을 점령했던 것보다 어려웠던 것 같다. 그래도 이번 일은 다 내 잘못이니까.

군주 우룩켈을 살해
메타트론의 화

군주 우룩켈을 살해한
메타트론의 화

지아 누나와 약속을 지키지 못한 건 나니까.

그래도 자식 이기는 부모 없다… 아니, 남동생 이기는 누나 없다고 결국 헌터 일을 인정받을 수 있었다. 뭐, 정확히 따지면 헌터가 아니라 화신이지만.

"누나 정말 미안해."

보통 때는 지아 누나를 그냥 야라고 부르는데, 이제는 꼬박꼬박 누나라고 부르고 있었다. 지은 죄가 있으니 어쩌겠는가.

"알긴 아냐."

지아 누나는 그래도 내가 계속 누나라고 불러주자 기분이 좀 나아진 듯했다. 사실 지아 누나가 어릴 때부터 몸과 마음이 아파서 내가 거의 먹여 살렸다. 그러다보니까 누나를 좀 얕잡아 보던 게 경향이 있었던 거 솔직히 인정한다. 그래도 엄연히 누나인데 자꾸 야, 야 거렸으니 속으로 기분 나빴겠지. 이 기회에 나도 과거의 일을 반성했다. 앞으로는 말 잘 듣는 착한 남동생이 되어볼까.

"나 시한부였다고. 메타트론의 화신이 되지 않았으면 봄이 오기 전에 죽었을…."

"재수 없는 소리 좀 하지 마!"

죽는다는 말을 하니까 지아 누나가 발끈했다. 흥분했는지 두 손이 파르르 떨린다. 지아 누나는 세상에 하나 남은 가족인 나마저 사라지면 못 견딜 것 같단 태도였다.

"다신 그딴 소리 하지 마라. 혼난다?"

"응. 누나 미안해."

누나가 나를 용서한 결정적인 이유가 바로 시한부 인생이었다는 사실이었다. 물론 그 전에 어떻게 그런 중요한 문제를 숨겼냐고 두들겨 맞았지만. 어쨌든 화신이 된 탓에 이제는 시한부에서 벗어났다는 점에 지아 누나는 진심으로 기뻐했다.

"제아야. 누나도 누나가 남동생에 대한 집착이 엄청난 거 알아."

"아냐. 누나."

"아니긴. 하지만 아빠랑 약속했단 말이야."

"어?"

처음 듣는 얘기였다. 내가 궁금하단 표정을 짓자 누나가 곁으로 오라고 손짓한다.

"아빠가 언젠가 내게 말했어. 우리 집에는 엄마가 없으니까 제아가 많이 외로울 거라고. 그러니까 지아 네가 엄마 역할도 해줘야 한다고 말이야."

"…그랬나."

확실히 몬스터 사태 이전에 지아 누나가 나를 많이 챙겨줬었지.

"그런데 누나가 그런 일 이후에는 정신줄을 좀 놔버려서… 미안하게 제아를 돌봐주지 못했네."

"그런 소리 하지 마. 이제는 건강해진 것만으로도 정말 기쁘니까."

"그래. 고마워. 사실 누나도 많이 노력했어. 몬스터 사태 때는 엉엉 울기만 하고 아무 것도 못했던 게 후회되서."

그 과정에서 성격이 많이 변하긴 했지만. 어릴 때 누나는 정말 청초하고 다정다감했는데 어째 지금은 무척 화끈해져 버렸다.

내가 잘못했을 때 버럭 화내는 모습을 보면 그 시절의 누나랑 간극이 크긴 하지만, 사실 나는 잘 알고 있다. 그게 지아 누나 나름의 상냥함이었다는 걸. 성장하면서 표현이 달라졌을 뿐 여전히 내게는 따뜻한 누나 그대로였다.

"내가 앞으로 누나한테 잘할 게. 연락도 자주 할 거고."

"음? 연락은 자주 안 해도 괜찮은데?"

음? 그게 무슨 소리지. 사실 아직 화가 다 안 풀렸던 건가. 당황한 표정을 짓고 있자니 지아 누나가 활짝 웃으며 말한다.

"이제부터 노량진에서 같이 살 거니까 굳이 연락하고 그럴 거 없잖아! 같은 집에서 매일매일 볼 거니까! 기왕이면 침대도 같이 쓸까? 그게 경제적이잖아?"

"뭐? 아, 아니. 그것보다 검사 임관은? 노량진에서 출퇴근 하게?"

"아니야. 검사는 역시 취향이 아니라서. 노량진에 변호사 사무실을 개업하려고. 호호호."

아니 이게 무슨 날벼락이야.

생각지도 못한 사태에 서둘러 말리려는데 누나가 갑자기 현관문 근처로 가더니 드러눕는다.

"유제아!"

"어?"

"버리고 가려거든 밟고 가라! 이 누나, 동생을 사지에 혼자 보내느니 여기서 죽겠다!"

"무슨 장군처럼 비장하게 말하지 마! 대체 누나가 노량진에서 뭘 하게!"

"얘는! 계명구도鷄鳴狗盜*란 말도 몰라? 하물며 누나는 변호사 자격증까지 있단다. 도움이 안 될 거 같아?"

나는 서둘러 지아 누나를 설득하기 위해 애를 썼지만, 그게 불가능한 것임을 잘 알았다.

결국 이틀 뒤. 지아 누나와 나는 노량진에 도착했다. 그래, 좋게 생각하자. 노량진은 대천사 셋이서 지키고 있으니 안전하다. 적이 공격하면 게이트로 도망갈 수도 있고.

지아 누나는 황량한 노량진 풍경에 놀란 듯했다. 이곳저곳을 살펴보며 내게 질문 공세였는데, 그런 지아 누나는 곧 굉장히 마음에 드는 걸 발견했다.

메타트론을 처음 보고는 완전히 마음을 빼앗겨 버렸던 것이다. 지아 누나는 마치 사랑에 빠진 소녀와 같은 얼굴이 됐다. 그건 뭔가, 메타트론의 앞길에 먹구름이 드리운 것과도 같았다.

지아 누나의 사랑을 듬뿍 받아본 내 입장에서 말하자만, 그건 뭐랄까… 깊고 버거웠으니까.

"세상에, 작아! 귀여워!"

지아 누나가 메타트론에게 처음 보고 한 말이었다. 당연히 그건 자존심 강한 대천사인 메타트론을 울컥하게 만들었다. 하지만 메타

---

* 중국 전국시대 맹상군의 일화에서 나온 고사성어로, 하찮은 재주도 다 쓸 곳이 있다는 뜻

트론은 내 친누나란 사실 때문인지 꽤 훌륭한 인내심을 보여줬다.

"쿠쿠쿠, 인간이여. 무지에 의한 무례는 용서하겠…."

"말하는 것도 귀여워!"

지아 누나는 애써 담담하게 말하는 메타트론은 품에 꼭 껴안아 버렸다. 커다란 가슴이 사정없이 얼굴을 누르자 메타트론은 처음엔 창백해졌다가, 곧 엄청 불쾌한 표정이 됐다.

부들부들.

메타트론은 억울하고 원망스러운 얼굴로 가늘게 떨고 있었다. 그러거나 말거나 지아 누나는 아직 어린 티가 팍팍 나는 메타트론이 귀여운 모양이었다.

보통 헌터들은 메타트론만 보면 사색이 되지만, 평범한 인간인 지아 누나는 카리스마 수치에 영향을 받지 않는다. 물론 신분이나 지위에서 오는 위압감이란 것도 있지만, 첫 만남에 메타트론이 침대에서 뒹굴며 만화책을 보고 있었기에 소용없었다.

"누나, 대천사 님이셔. 무례하게 굴면…."

하지만 그런 내 조언은 아무 소용없었다. 누나는 귀여운 회색 고양이를 만난 듯했다. 급기야 뿔 난 메타트론이 화를 내려고 할 때 나는 제발 그러지 말라고 손짓을 했다.

-안 돼. 좀 참아줘.

-아무리 네 친누나라도 이런 무례함은 본녀는 견딜 수 없다. 어엿한 숙녀인 본녀를 아이 취급하다니.

-사정이 있어. 다 설명할 테니까.

잠깐 사이 우리는 눈빛으로 많은 말들을 했다.

"누나, 미안한데 잠시 내 방에 가 있을래? 메타트론이랑 할 말이 있으니까."

"그래? 알았어. 빨리 와야 해."

지아 누나가 그리 가자마자 메타트론이 어찌된 거냐고 따져온다. 나는 솔직히 모든 걸 설명했다. 지아 누나가 내 은퇴를 간절히 기대하고 있었다는 것부터 모든 사정을. 그러자 메타트론의 태도가 대번에 누그러졌다.

"아무리 이해하기로 했다지만 여전히 걱정이겠구나."

"그래. 우리 누나 보기보다 무리하는 타입이라 아무렇지도 않은 척할 게 뻔하거든. 그러니까 지금은 좀 봐줘. 앞으로 내가 차근차근 누나한테 말할 테니까. 그리고 누나가 예전부터 귀여운 거라면 사족을 못 써서 말이야. 솔직히 메타트론 네가 세상에서 제일 귀엽긴 하잖아."

"뭐? 그런 것이냐!"

메타트론은 깜짝 놀란 듯하지만 싫지 않은 얼굴이었다. 그래서 맞다는 듯 열심히 고개를 끄덕였다. 곧 메타트론의 입꼬리가 씨익 올라간다. 그리고 금세 거만해졌다.

"쿠하핫! 그건 사실이지."

그러면서 자기만 잘난 척하기 민망했던지 슬쩍 날 칭찬해준다.

"유제아, 네 안목도 나쁘지 않구나. 흠흠!"

"누나 입장에선 그런 완벽한 귀여움을 보고 참을 수 있을 리가 없잖아? 그러니 네가 좀 이해해 줘. 어쩌겠어. 그렇게 눈부신 귀여움을 가진 게 죄인 걸."

"물론이다! 하긴, 본녀의 귀여움이 잘못했구나."

…이용해 먹기 쉬운 녀석이라 다행이야.

앞으로 메타트론의 역할은 심리 치료용 고양이 같은 거다. 지아 누나가 이 녀석을 많이 만지고 정서적으로 안정되길 기대해야지. 안 그래도 지아 누나가 계명구도란 말을 했는데 이 과자만 축내는 대천사가 이런 쓸모가 있을 줄이야.

"꼭 보답할 테니까 도와줄 거지? 누나는 내게 정말 소중한 사람이야. 힘든 일을 겪었지만, 네 고금제일의 귀여움이라면 금방 좋아질 거 같아."

"고, 고금제일? 그 정도씩이나? 그렇다면 본녀도 일일이 신경질 내지는 않겠다만. 쿠후후후. 정말 이 미모도 큰일이 아닌가."

그런데 이 정도로는 이 녀석을 완벽하게 낚기에는 부족했다. 그래서 떡밥 하나를 더 던졌다.

나는 네 약점을 알고 있다고 메타트론.

"저기 지아 누나 말이야."

"?"

"가슴 엄청 크잖아?"

"크읏! 그게 지금 무슨 상관인 것이냐."

갑자기 속 쓰린 표정이 된 메타트론. 협조적이던 얼굴이 대번에 반항적으로 변한다.

"본녀는 뽕이라 상대가 안 된다고 할 셈이냐? 어디 감히 본녀 앞에서 자기 누이 가슴 크기를 자랑하는 것이야! 이 구제불능 시스콘 놈아. 어차피 그 가슴이 네 것도 아니잖느냐! 친누나 가슴이라도 주물럭거릴 것이냐! 이 근친, 합스부르크 같은 놈아!"

합스부르크라니… 너 당장 합스부르크한테 사과해라. 걔들은 그래도 일단 4촌까지였잖아.

"아니, 일단 내 말을 들어보라니까. 애초에 너 말이야. 가슴 얘기가 나오면 너무 흥분하는 기색이 있어."

"…끄응."

그 점은 인정하는지 메타트론이 한 발 빼며 물러난다.

"…분명 시답잖은 성희롱이나 하려는 거겠지만, 일단은 끝까지 들어주지. 말해 보거라."

"고마워, 아무튼 누나의 큰 가슴 말이야."

"그래, 미카엘라가 생각나는 채신머리없는 그 젖 말이냐?"

남의 누나 흉부를 젖이라고 하지 마! 우리 누나는 젖소 같은 게 아니라고. 크기는 좀 그런 느낌도 들지만.

"응. 그런데 말이야. 우리 누나 중학교 때까지만 해도 가슴이 작았어. 고등학교 때 갑자기 커진 거야. 그러니 뭔가 노하우가 있단 사실 아니겠어?"

"뭐라!"

메타트론이 자리에서 벌떡 일어났다. 마치 가여운 붕어가 낚싯줄에 끌려 올라오는 것보다 더 맹렬한 기세다. 이미 끝난 싸움이다. 메타트론의 얼굴은 간이고 쓸개고 다 빼줄 표정이 되어 있었다.

"그러니까 이번에 누나한테 잘 해주라고. 그리고 살살 꼬드겨서 그 비방을 들으면 되지 않겠어?"

"옳거니!"

메타트론은 작은 주먹으로 자신의 손바닥을 딱 때리며 연신 고개를 끄덕인다.

“참으로 쓸만한 의견을 내주지 않았나, 내 화신이여. 그렇다. 그녀의 반이라도 따라갈 수 있으면 본녀도 남부럽지 않은 크기가 될 터. 이건 참으로 좋은 기회가 아니더냐.”

메타트론의 눈동자에서 희망이 피어오르고 있었다. 하지만 사실대로 말하자면 누나에게 특별한 비법은 없다. 그냥 유전일 뿐이다. 잔혹한 얘기지만 가슴 크기는 유전이 절대적인 것. 메타트론을 보고 있자니 조금 짠한 마음이 들었지만 지금은 이 녀석이 필요했으므로 어쩔 수 없었다. 어차피 신성지에서 힘을 회복하느라 할 일도 없는 녀석이다.

지아 누나를 맡겨놔야겠다.

2. 부서지고 꺾어진 곳에 희망이 있으니, 그대 부디 눈물을 흘려다오

강북에는 스물이 넘는 군주급 몬스터와 두 마리의 대군주급 몬스터가 존재한다. 몬스터의 입장에선 강북이 최전선이기에 전력이 집중 배치되어 있었다.

물론 강남이 있긴 하지만 그곳은 일종의 완충 지대 역할이다. 천사와 헌터들이 북쪽으로 올라가지 못하게 하려면 이 강북을 결사적으로 사수해야 한다.

만주와 연해주, 과거 북한이 있던 지역에는 마정석을 만들 수 있는 희귀한 광석이 존재한다. 인간은 잘 모르는 광석인데, 이것과 텅스텐을 활용해 마정석을 만들 수 있었다.

그렇기에 몬스터들은 처음 지구로 내려왔을 때 전략적인 판단으로 한반도와 만주, 연해주 지방에 집중되었다. 하여 한반도가 몬스터 사태의 중심지가 된 것이다. 당연히 천사들 역시 몬스터를 따라 대부분 한국으로 왔다. 그리고 일부는 중국과 러시아로 갔다(듣자니 러시아에서 군주급 몬스터와 싸우다 실종된 대천사도 있는 모양이었다).

그런데 최근 전선에 무시할 수 없는 문제가 발생했다. 바로 대천사 메타트론에 의해 노량진이 점령된 것. 그래서 지금 강북의 대군주급과 군주급 몬스터들이 모여 회합을 열고 있었다.

―염병할. 고기를 씹다가 이빨이 부러진 것 같이 곤란한 상황이다. 카악! 퉤!

―배때기를 깊게 찌른 검처럼 제대로 한 방 먹었지. 따지고 보면 쓰레기 같은 네놈들이 잘못한 것 때문 아닌가!

이들은 말투가 매우 거칠기 짝이 없었다.

―닥쳐, 천한 혈통. 네놈 혀를 뽑아줘야 그 더러운 주둥이를 멈출 건가! 너 같은 천것이 어찌 우리와 같은 급으로 올라온 건지 신기하다. 세상이 망할 일이지!

황당하게도 강북의 코앞인 노량진에 대천사 셋의 신성지가 생겼다. 그런데 더 어처구니없는 건, 지금 그걸 견제할 방법이 마땅치 않다는 점이었다.

가뜩이나 타르하, 우룩겔, 하담, 카르눔, 이렇게 넷이 한꺼번에 죽어 전력 공백이 생긴 상황이다. 게다가 함정인 줄도 모르고 안양으로 공격 갔던 군주급 오로까지 죽었다. 그런데 이런 불리한 상황에서 노량진을 공격해야 하는 이유 역시 커지고 있었다.

―만약 노량진 공격이 실패하면 사태가 돌이킬 수 없게 된다. 유감스러운 네놈들 머리처럼 말이야.

―다시 태어나지 않는 한 구제불능인 네 놈 머리만큼 심할까?

일정 수 이상의 군주급 몬스터가 죽으면 더는 전쟁 억지력을 발휘할 수 없게 된다. 억지력을 잃으면 뒤의 수순은 명백하다. 대천사들은 신성지를 이용한 방어 작전을 폐기하고 공세로 돌아설 것이다.

-경거망동하지 마라. 네놈들의 비실한 팔다리로는 아무것도 못 하고 일만 망칠 테니까!

-그러면 이대로 보고 있자는 말인가? 겁쟁이답게 심장을 잃어버린 모양이군! 언제나 달아날 궁리만 하는 그 다리를 잘라서 목에 걸어줘야 정신 차릴까? 강남의 반쪽이 통째로 날아가게 생겼다! 시간문제란 거 모르나? 그 쥐새끼같이 작은 뇌로는 도저히 모르겠지?

노량진 신성지는 단순히 목에 걸린 가시 그 이상이었다. 군주급 몬스터들은 미카엘라와 우리엘이 동과 서로 뻗어 나가려는 걸 알고 있었다. 그렇게 되면 강 아래쪽 반절 가까이가 날아가 버린다.

-너무 조급해하지 마라. 우리 군단은 튼튼하다! 아니, 네놈들 군단은 사실 부실한 건가! 그래서 이 몸을 늘 두려워하고만 있는 거지!

-닥쳐라. 이 자리에 흙을 파서 네놈 무덤을 만들기 전에.

-모두 조용히! 대천사 셋이 왔다. 빠르든 늦든 결국 그들은 자기 목표를 집어삼킬 거다. 탐욕스럽게.

-하지만 달리 대책이 없잖아! 이번에는 너희가 그렇게 자랑하는 힘과 용기가 무용하단 말이다! 꼴좋구먼! 킥킥킥.

그때 듣고만 있던 대군주급 하나가 일갈 했다.

-어찌 그렇게 느긋한 것이냐? 네놈들, 대책을 제대로 못 내놓으면 이제부터 팔다리를 하나씩 뜯겠다. 인간은 우리가 생각하던 것보다 훨씬 탐욕스러운 생물이다! 돈을 따라 순식간에 밀려올 거다!

그리고 우리를 추잡하게 먹어치우겠지! 썩은 시체에 달라붙은 구더기처럼.

이후 더 격론이 오갔지만 뾰족한 대책이 나오지 않았다. 그래서 대군주급 몬스터 둘이 합의하여 결정을 내렸다.

-저들 내부에 우리 공모자가 있다. 날개를 가진 친구들 중에도 동료를 파는 교활한 놈이 있단 얘기지. 하니 정보를 수집하고 새로 무언가를 알게 될 때까지 당분간은 시간을 끌어야 한다. 네놈들의 부족한 인내심을 지금은 최대한 발휘하도록 해! 무언가 결정적인 단서를 포착하면 반격의 때는 자연히 올 것이다. 하니 일단은 웨이브를 일으켜 노량진을 공격하겠다.

-해자가 넓고 성벽이 높다고 합니다. 무리입니다.

-입 다물라! 주둥이를 찢어버리기 전에! 절대 그들의 눈이 강북으로 향할 여유를 줘서는 안 된다. 그사이 대책을 마련하겠다.

더는 대군주급 몬스터의 결정에 반대하는 자는 없었다.

-위대한 분이시여, 그런데 날개를 단 추잡한 녀석들 중 배신자는 누구입니까?

-검은 날개를 가진 자다. 저 날벌레들은 어리석어 알지 못한다. 흰 날개 중에 검은 날개를 가진 자가 하나 섞여있는 걸.

노량진의 상황은 각지에서 몰려든 헌터와 천사들로 난리법석이다.

"후우……."

노량진의 산적한 일거리를 생각하자 한숨이 절로 나온다.

"젊은 애가 왜 그리 한숨이야?"

뒤에서 들려온 익숙한 목소리. 안 봐도 누군지 뻔하다. 나는 종합비타민제를 입에 털어 넣으며 대꾸했다.

"내가 요즘 스트레스 때문에 아주 죽겠어요."

"못 말려."

검은 하이에나단의 부단장 원윤아가 기가 막힌다는 듯 웃는다. 그런데 곧 내가 종합비타민제 외에도, 유산균, 홍삼, 오메가3, 빌베리 등을 연달아 먹자 어이가 없다는 듯 입을 벌린다.

"약으로 식사하려는 거야?"

"시끄러, 내가 요즘 약으로 버틴다. 버텨."

"무슨 메타트론의 화신이 이래?"

"말도 마라, 위원회 때문에 골병들겠다.

"고생이 많네."

"내 일이니 어쩌겠어. 나 위원회 때문에 가봐야겠다."

"그래, 힘내."

원윤아의 배웅을 받으며 12인 위원회가 사용하는 가건물로 향했다. 발걸음이 무겁다. 나는 헌터 사회의 정치가 그렇게 음험한 건지 몰랐다.

모두 능구렁이들이었다.

각 클랜의 이해관계를 조정하는 12인 위원회다 보니, 다들 아주 복잡한 관계로 얽혀있었다. 그 '12인 위원회'란 명칭은 대한민국에 있는 열두 대천사를 대표하는 헌터들이 참가한 탓에 그리 불린다.

사실 이전까지는 11인 위원회였는데 가출했던 메타트론이 복귀해서 다시 12인 위원회가 됐다. 당연히 소속 클랜원 1명인 상황에서 위원회의 위원은 내가 나서야 했다.

"안녕하십니까?"

12인 위원회에 출석해서는 각 클랜의 위원들과 인사를 나눴다. 날 대하는 태도는 제각각이다. 호의도 있었고 노골적인 짜증도 있었다. 메타트론 클랜과의 관계에 따라 반응이 달랐다.

"어서 오십시오."

그나마 우호관계인 미카엘라 클랜의 위원 백이륜과 우리엘 클랜의 위원 최희조가 먼저 인사를 해온다.

다른 위원들은 건성으로 고개만 까딱 숙이고 만다. 그도 그럴 게 현재 내가 그들의 요구를 묵살하고 있었기 때문이었다. 애초에 그들은 무리한 요구를 했다. 노량진에 주둔하며 방위를 돕는 것에 대한 정당한 대가가 아니라, 아주 이쪽을 호구잡고 제대로 털어먹으려고 하고 있었다.

당연히 나는 발끈했고 그 때문에 연일 12인 위원회는 파행이었다. 게다가 노량진으로 몰려든 헌터들은 저마다의 이권다툼으로 싸움질을 벌이고 있는데, 이 문제의 합의도 12인 위원회에서 이뤄지고 있으니 회의 분위기가 좋을 리가 없다.

"회의 시작하겠습니다."

의장은 바라카엘 패밀리의 위원 임철웅이다.

12인 위원회 의장이란 직책보다 염왕 임철웅으로 통하는 사내다.

엽왕獵王.

말 그대로 헌터의 왕이란 칭호를 가진, 최강의 사나이. 각 클랜의 이해관계를 떠나 모두에게 존경받고 있었다. 연일 파행인 12인 위원회가 아직 굴러가는 건 순전히 저 사내 때문이었다.

"일단 저부터 발언하겠습니다."

가장 먼저 포문을 연 이는 서열 8위 대천사

라미엘 클랜의 위원 강풍호다. 저 인간은 나랑 사이가 험악하다. 천성이 거칠고 무례한 스타일인데 이번에 노량진 건으로 당연하다는 듯 부당한 요구를 해 나랑 말다툼이 여러 번 오갔다.

"이미 몇 번이고 얘기한 부분이지만 지금 한 클랜이 옹고집을 부리고 있습니다."

주변에서 동조하는 듯, 옳소! 옳소! 란 말이 터진다. 당연히 내 입장에서는 눈살이 절로 찌푸려졌다.

"12인 위원회가 아니라 도적놈 소굴이야."

내가 작게 중얼거리자 이곳에서 내 편인 미카엘라 클랜의 백이륜 위원이 실소를 금치 못한다.

"거, 들리겠어요."

"들으라고 하죠, 뭐."

백이륜과 얘기하는 사이 강풍호는 일장 연설에 들어간 상태다. 뭔가 그럴듯하게 꾸며 말하고 있었지만 그 내용은 간단하다. 내게 땅을 공짜로 내놓으라고 옹고집을 부리는 중이었다. 그는 나를 보며 소리친다.

"우리 모두의 번영을 위해 대국적인 결단을 내려주길 원하는 바입니다!"

짝짝짝.

주변에서 작게 박수가 터진다. 현재 12인 위원회의 반수 가량이 저 강풍호의 의견에 동조하고 있다.

기가 막히다.

노량진 땅을 공짜로 내놓으라니. 공짜로 세 들어 살게 해주니 나중에 집까지 내놓으라는 격이다. 현재 그들은 노량진에 살림을 차린 대가로 메타트론 클랜에 따로 금전적인 대가를 지불하지는 않는다.

그저 노량진 방위를 도울 뿐이다. 그리고 그들은 노량진에 자리 잡은 덕택에 이전에는 접근하지 못했던 지역에 들어가는 등 신나게 활개치고 있다.

"대국적 판단도 좋지만, 노량진은 메타트론 클랜의 땅입니다. 최초에 큰 도움을 준 미카엘라 클랜과 우리엘 클랜에겐 당연히 노량진의 동과 서를 떼어 드렸습니다. 하지만 다른 클랜은 뭘 했습니까? 메타트론 클랜의 호의로 전술적 이점을 누리시면서 아예 땅까지 달라고 하는 건 너무한 일입니다."

나는 몇 번이고 반복한 거절을 다시 했다.

그러자 강풍호가 콧김을 내뿜으며 외친다.

"적 지형 한 가운데 있는 이런 노량진 땅을 과연 메타트론 클랜의 힘만으로 지킬 수 있습니까? 겨우 단 둘이서 말입니다."

"어설픈 놈들 한 트럭보다는 낫습니다."

"그러다 잃어버리면 결국 더 큰 손해 아닙니까! 차라리 그럴 바에는 공동의 번영을 위해서 대국적인 결정을 내리는 게 좋지 않겠습니까! 누이 좋고 매부 좋고!"

"좋은 건 그쪽만 좋죠. 왜 남의 사유재산을 내놓으라 마라 합니까. 그럴 바에는 그냥 다들 나가시던가."

"뭐라!"

내가 귀를 후비적거리며 대답하자 강풍호가 결국 참지 못하고 씩씩거린다. 그러거나 말거나 나는 신경 쓰지 않았다.

"애초에 미카엘라 클랜과 우리엘 클랜 말고 다른 분들은 노량진 수복전에서 뭘 했습니까?"

"우리도 고위 헌터를 파견해서 싸움을 도운 걸 잊었단 말입니까!"

"그래서 그 잘난 친구들이 뭐했습니까? 결국 우룩켈을 누가 잡은지 잊어버린 겁니까?"

"크윽…."

그 부분에 관해서는 강풍호도 할 말이 없는지 일순간 말이 막힌다. 나는 작게 비아냥거렸다.

"어디 사는 누구도 그날 쳐 맞아서 뒹굴고 있더만…."

우룩켈을 상대할 때 강풍호도 있었다. 그는 잘 싸우다가 후반에 공을 탐내고 덤벼들다 우룩켈한테 맞고 뻗어버렸다. 체면이 말이 아니었던 사건이라 지금도 회자되고 있었다.

소문에는 오줌도 지렸다고 한다.

"뭐라! 이놈! 유제아! 어린놈의 새끼가 왜 이리 건방지고 재수 없어!"

결국 참지 못하고 악을 쓰는 강풍호. 주변에서는 상황을 흥미진진하게 지켜보고 있다. 염왕 임철웅은 묵묵히 수염만 쓰다듬을 뿐이다. 저 인간은 대체 무슨 생각을 하고 사는지 모르겠네.

"제가 그렇게 재수가 없습니까?"

"그래!"

"하하하. 아니, 뭐 그러면, 저 숨 쉬는 건 안 짜증나십니까?"

일부러 숨을 후하! 후하! 거리자 강풍호가 결국 자리에서 벌떡 일어났다.

"이놈! 기어코 한 판 붙어봐야 정신 차리겠냐!"

"싸우기 전에 기절이나 하지 말던가."

지지 않고 받아치는 내 성격상 결국 12인 위원회는 다시 개판이 됐다.

"자자, 강 위원 그만하시지요."

그때 강풍호를 말리고 든 자가 있었다. 서열 7위 대천사 이후디엘의 위원 심상호로 12인 위원에서 상당한 영향력을 행사하는 자다. 굴지의 대기업인 청성그룹 회장의 손자란다. 흔히 말하는 재벌 3세다. 재벌 3세 주제에 헌터의 능력 또한 뛰어난 진정한 사기 캐릭터인데, 그 대가로 인성은 팔아먹었다.

개인적으로 저놈이 강풍호보다 더 싫었다.

"강 위원, 저 천박한 놈이 대체 뭘 알겠습니까?"

"그러게 말입니다. 전형적인 소인배죠. 그깟 땅덩이 때문에 대세를 그르치려고 하다니!"

듣던 내가 다시 반박했다.

"아, 그러면 돈 주고 사가던가. 날강도 새끼들아."

"뭐! 말 다했냐!"

차라리 돈 주고 땅을 매입하겠다면 대국적인 결정으로 팔 생각은 있다. 물론 적정한 가격을 받아내야겠지만. 지금 저들이 땅을 달라고 저리 혈안이 된 건, 그만큼 사냥터에서 클랜의 영역을 확보하기 어려워서다. 몬스터란 몰아내면 또 나타나고 몰아내면 또 나타나는 식이다. 그런 놈들을 상대로 땅을 확보한다는 건 정말 어려운 일이다. 한데 이런 노른자 같은 땅이 생겼으니 저리 생떼를 부리는 거다. 그렇게 한창 위원회가 소란스러워지던 그때 쿵! 하고 바닥이 울린다.

"그만들 하십시오."

엽왕 임철웅이였다. 다들 그의 말에 입을 다물었다.

과연 엽왕이로군.

"더 얘기해 봐야 소용없을 듯하니 오늘 회의는 이걸로 끝마치겠습니다."

엽왕은 언제나 이런 식이었다.

어느 쪽 편도 들지 않고, 누가 옳고 그르다고 결론을 내려주지도 않는다. 다만 12인 위원회가 가열되면 끊는 역할을 할 뿐이다. 그러니 이런 문제에 관해서는 위원회에서 난상토론 보다는 밖에서 당사자들끼리 만나 결론을 내려오는 게 좋았다. 하지만 이미 저쪽과 내가 갈수록 돌이킬 수 없는 사이가 되어가는 탓에, 상황은 악화일로였다.

사흘 뒤.

일처리를 할 게 있어서 사무실에 들렀다. 그러자 서류 정리를 하던 원윤아가 날 쳐다본다.

"왔어?"

검은 하이에나단이 날 따라 노량진으로 들어온 뒤, 원윤아는 내 부관 역할을 해주고 있었다.

"미카엘라님께서 방금 성소로 오셨어. 메타트론님을 만나는 중이야."

드문 일인데. 미카엘라가 직접 찾아오고.

"그래? 무슨 일인지 한 번 가봐야겠군."

미카엘라가 왔다면 뭔가 협의를 위해서일 텐데 미숙한 메타트론에게 맡겨두기는 마음이 놓이지 않는다. 원윤아와 일별하고는 곧장 메타트론의 성소(원룸)로 향했다. 가보니 아니나 다를까, 입구에서부터 말다툼하는 소리가 들려왔다. 나는 고개를 살짝 내밀어 안을 관찰했다.

"어림없다!"

"그러지 말고 다시 생각하렴."

"듣기 싫다고!"

"정말 너는 말이 안 통하는구나."

열을 내는 건 메타트론 쪽이었고 미카엘라는 시종일관 차분한 음성으로 받아친다. 말다툼을 하면서도 무미건조한 게 역시 미카엘라답다고 할까. 그런데 그때 메타트론이 미카엘라의 역린을 건드렸다.

"그걸 말이라고 하는 것이냐? 이 슴뚱아!"

"뭐? 슴뚱?"

의아한 듯 고개를 갸웃거리는 미카엘라. 그런 미카엘라에게 메타트론의 회심의 미소를 지으며 외친다.

"슴가뚱뚱이다! 이 슴뚱아!"

"뭐?"

세상에, 메타트론의 창의력에 경의를.

슴가뚱뚱이라서 슴뚱이라니. 그런데 그게 여태 쿨하던 미카엘라를 정통으로 타격한 것 같다. 마키엘라는 그녀답지 않게 몸을 가볍게 떨더니 노기를 감추지 못했다.

"나는 미카엘라라는 이름이 있단다. 그러니 그런 저속한 표현은 삼가해 주겠니?"

말투는 여전히 침착한 편이었지만 미묘하게 떨리는 음색은 감추지 못한다. 어쩐지 미카엘라의 마음을 조금은 알 것 같아. 왜냐면 지아 누나도 비슷하거든. 군살 없이 예쁜 몸매지만 큰 가슴 때문에 통통하다고 오해받기 쉽다고 할까?

지아 누나도 정장을 입으면 맵시가 안 산다느니, 가슴 때문에 셔츠가 붕 떠서 허리가 굵어보다느니 여러 가지로 징징거렸다. 미카엘라도 아마 같은 문제로 꽤 신경 써 왔던 것 같다. 그래서인지 슴뚱이란 도발에 완전히 넘어가 버려, 평소의 쿨하고 무표정한 태도가 서서히 무너져 내리고 있었다.

부르르.

가볍게 몸을 떤 미카엘라는 따져 묻는다.

"너도 몸에 비해 제법 큰데 왜 매번 그런 태도인 거니?"

"윽!"

미카엘라의 지적에 메타트론은 순간 말문이 막히는 듯했다. 역시 그럴 테지. 여기서 부터는 어른의 사정이니까.

힘을 내요, 메타트론. 가짜라도 남이 속는 동안은 진짜니까. 그런 기세로 자기 자신도 속이는 거다. 하지만 내 응원과는 다르게 메타트론은 눈에 띠게 동요하고 있었다.

"흐음?"

미카엘라는 의심스러운 듯한 표정이다. 메타트론은 위기를 느꼈는지 곧 소리를 빽 지른다.

"시끄럽다! 아무튼 네 제안은 받아들일 수 없으니 얼른 가버리는 거다."

역시 궁상맞은 변명보다 성질부터 내는 게 메타트론답다.

"현실을 좀 보는 게 어떻겠니? 그깟 땅 떼어주는 거 아까워하지 마렴. 설마 정말로 유제아와 둘이서 이 노량진을 지킬 생각이니?"

"못할 거 뭐가 있겠느냐? 본녀라고 그깟 땅이 아까워서 그런 게 아니다. 하지만 이쪽이 불리한 상황을 이용해 저것들이 기고만장하는 게 보기 싫을 뿐이다. 만약 합리적인 선이었다면 기꺼이 응할 작정이었다."

그녀의 생각 역시 나랑 비슷하다. 합리적인 선이라면… 아니, 어느 정도 이쪽이 손해 보는 수준이라도 감수할 수 있다.

하지만 현재 각 클랜에서 요구하는 건 노량진 땅을 대가없이 나눠 달라고 하는 수준. 어차피 메타트론 클랜에서 다 지킬 수도 없으니 상관없지 않냐는 논리였다. 그러니 동의할 수 없는 거다.

“그래서 내가 나름대로 타협안을 제시한 거잖아. 이러다 모두 떠나면 어쩌려고?”

“그건 그때 생각하겠다!”

옳지, 잘 말해줬다.

대책 없이 무모한 얘기지만 나 역시 메타트론과 동감이었다. 도둑놈이랑은 타협하지 않겠다.

“정말 바보구나!”

“바보는 네가 바보다, 슴뚱. 본녀가 계속 설명하고 있는데 왜 못 알아듣는단 말이냐.”

“너는 언제나 제멋대로구나. 예전부터 그랬어!”

곧 두 여자의 말다툼이 이어졌다. 차마 끼어들지는 못하고 입구에서 묵묵히 듣는 입장에서 평해보자면, 둘 사이에 감정의 골은 내 생각보다 훨씬 깊은 듯했다. 사실 아직도 둘은 화해하지 않았다. 노량진 전투에서 일시적으로 손을 잡은 것뿐이다. 미카엘라가 큰 도움을 줬기에 메타트론도 나름대로 응대하고 있는 수준이랄까.

원래라면 메타트론은 미카엘라와 말도 하지 않았을 거다. 그도 그럴게 여동생인 산달폰의 죽음에 미카엘라의 과책이 있기 때문이라 생각하고 있기 때문이다. 대천사 산달폰의 죽음은 친우였던 둘의 사이를 완전히 갈라놨다.

스이엘의 말에 의하면, 그 뒤로 세월이 꽤 지났지만 두 대천사의 어긋남은 도무지 나아질 기미가 안 보인다고 한다. 아니, 서로 면전에서 대화하는 정도만으로도 장족의 발전인지도 모른다.

“더는 얘기하고 싶지 않다, 슴뚱.”

"좋아. 그렇게까지 말한다니 나도 이제 몰라. 네 맘대로 해!"

미카엘라는 마치 성난 여고생처럼 화내고 있었다. 이렇게 동요하는 미카엘라는 처음 본다.

"흥흥! 그거 다행이네! 이제 얼른 가버리지 그러느냐! 본녀는 이제 간식 먹는 시간이다."

"그거 정말 좋겠네!"

"당연히 좋지. 오늘은 유제아에게 과자를 한 봉지 더 먹어도 된다고 허락받았다. 그렇지만 슴뚱 네게는 안 나눠줄 테니 지금 바로 돌아가는 게 체면에 좋을 것이다. 하긴, 나눠줘도 그 슴가가 더 뚱뚱해질까 싶어서 못 먹겠지!"

……뭐랄까.

저런 언행 때문에 메타트론 대신 대외적 활동은 내가 전담하고 있다.

"마침 나도 티타임이거든!"

미카엘라는 더 참지 못하겠다는 듯 원룸에서 튀어나왔다. 그래서 입구에서 서성이는 나랑 마주쳤다.

"아, 안녕하십니까? 미카엘라님."

분이 식지 않은 건지 미카엘라는 나랑 눈만 마주치고는 대답도 없이 계단을 내려가 버린다.

윽, 마음이 아프다.

동경하는 대천사에게 무시당하니 속이 쓰리다. 저 아름다운 대천사님은 어디 사는 회색 머리칼의 유감스러운 땅꼬마와 다르게, 외형적으로는 내 이상형에 한없이 가까웠다. 그래서 나도 모르게 한숨을 내쉬고 있는데 계단 쪽에서 쿵쿵거리는 소리가 들린다. 뭔가 해서 쳐다보니 미카엘라가 요란하게 다시 올라오고 있었다. 그리고 날 보더니 한 마디 한다.

"다음부터는 과자를 한 봉지씩만 주거라. 두 봉지나 주니까 저 아이가 기고만장해졌잖니?"

"어, 아, 옙."

그 기세에 당황에서 나도 모르게 그리 대답하고 말았다.

이게 무슨….

대천사들이 왜 이렇게 쪼잔하게 싸우는 거야. 일단 그렇게 미카엘라를 배웅하고 원룸으로 돌아오니 메타트론이 분에 못 이겨 과자를 요란하게 씹고 있었다.

"뭔 소리를 하러 왔나 했더니 아주 방자한 말만 하고 가더구나."

많이 화난 거 같은데 경쾌한 와삭! 와사삭! 하는 효과음 때문에 그다지 분위기가 안 살았다.

"대체 무슨 얘기를 했는데?"

짐작하고 있지만 예의상 물어줬다. 들어보니 예상 그대로였다. 미카엘라는 각 클랜의 요구를 어느 정도 완화해서는 타협안으로 가져왔던 것이다.

확실히 그녀의 제안은 합리적이었다. 게다가 이쪽을 상당히 배려한 부분도 보였다. 그리고 그걸 받아들이는 게 현실적이겠지. 미카엘라는 상황이 파행으로 치닫지 않게 신경을 써주는 듯했다.

아무래도 노량진을 잃어버리느니 각 클랜의 요구를 받아들여 일부라도 얻는 게 나을 테니까. 하지만 그랬다가는 지난 싸움에서 고생한 의미가 퇴색된다. 나는 미카엘라의 제안을 읽어보다가 고개를 가로저었다.

"직접 우리를 도와준 미카엘라 클랜과 우리엘 클랜에게 양보하는 건 당연해. 하지만 다른 클랜의 어거지는 받아줄 수 없어. 노량진은 메타트론 너와 내가 고생해서 얻은 장소야. 누가 감히 적지 한 가운데 신성지를 전개할 대담함을 발휘할 수 있겠어. 너나 나정도 되니까 가능했던 거라고."

"암! 암! 잘 말해줬구나! 유제아. 역시 적지 한 가운데 신성지를 전개하자는 본녀의 아이디어가 대박이었지."

저기, 이보세요?

그거 제 아이디어거든요?

하지만 메타트론의 머릿속에서는 자신의 탁월한 결단으로 재구성된 모양이었다.

"본녀는 거절하고 싶다. 설령 노량진 신성지를 유제아 너와 단 둘이서 지키게 된다고 할지라도 말이다."

"그래, 그렇게 말할 줄 알았어. 너나 내 성격상 호구 잡히는 짓은 못하지. 차라리 다 부숴버리고 말지."

"옳지! 바로 그거다! 역시 그대는 마음에 드는 화신이다. 그놈들이 이득을 보는 꼴을 보느니 본녀는 노량진을 불태우는 네로 황제가 되겠다."

역시 메타트론이랑 나랑은 죽이 맞는다니까.

우리는 곧 서로의 손을 잡고는 미카엘라의 제안서 따위는 발로 걷어차 버렸다. 설령 이 일 때문에 온갖 문제가 터져도 상관없었다. 그리고 메타트론은 적당히 타협하는 성격이 아니다. 그랬으면 애초에 가출하지도 않았겠지.

물론 각 클랜의 요구를 받아줄 생각은 없지만 적극적으로 쫓아낼 생각도 없다. 일단은 제안을 계속 거절하며 시간을 끌 생각이었다. 그러면서 노량진에서 메타트론 클랜이 자립할 방법을 찾고 있었다.

그 중 하나가 바로 하이에나들을 노량진으로 끌어들이는 것이었다. 앞으로 노량진이 부산물 수거의 메카가 될 건 확실하다. 하이에나들에게 이점이 있는 지역이란 거다.

게다가 7등급 이하의 몬스터는 방어막이 없어서 하이에나들도 상대할 수 있다. 화기를 능숙하게 다루는 그들이 모이면 상당한 전력이 될 거다. 먼저 검은 하이에나단을 노량진으로 끌어들인 나는, 다른 하이에나단도 끌어들이기 위해 노력 중이었다.

"반갑습니다! 유단장!"

일단의 무리가 내게 와서 악수를 청한다. 이들은 모두 하이에나단을 이끌고 있는 단장이다. 오늘은 내 초대를 받아 노량진으로 탐방을 왔다. 하루가 다르게 변화하고 있는 노량진의 근황을 보고, 이곳이 부산물 수거의 거점으로 삼을 가치가 있는지 확인하기 위해서였다.

"모두 와주셔서 감사합니다. 제가 안내하겠습니다."

나는 이들을 이끌고 장승배기로 향했다. 현재 이곳은 큼직한 도로를 사이에 두고 온갖 가건물과 각종 편의시설이 들어서고 있었다.

여기서 각 클랜은 서로 좋은 위치를 차지하려고 하루가 멀다하고 싸움박질 중이었다. 당연하지만 땅주인인 나와 메타트론은 허가해 준 적이 없다. 아니, 허가는 해줬다. 하나를 허가해 주면 열 개 정도를 지어대서 그렇지. 그래도 그런 그들의 투자가 도움이 되긴 하기에 일단은 지켜보는 중이었다. 때가 되면 제대로 털어먹을 작정이었지만.

"여기가 바라카엘 클랜의 건물이죠. 이번에 새로 짓고 있습니다. 이쪽부터는 가브리엘 클랜의 지역으로, 병원이 여기에 있습니다."

그런 식으로 일대를 돌아보며 안내를 하고 있는데 영 반갑지 않은 목소리가 들려왔다.

"거지같은 놈들끼리 잘 어울리는군. 하하하."

뭐라?

당연한 얘기지만 그 노골적인 도발에 우리 모두의 고개가 확 돌아갔다. 누군가 해서 봤더니 이후디엘 클랜의 위원 심상호였다. 저 재수 없는 낯짝을 본 순간 혈압이 오르는 기분이다.

게다가 타이밍이 안 좋다. 하이에나단의 단장들을 이끌고 한껏 폼 좀 잡고 있는데 심상호가 초를 치고 나선 것이다. 여기서 밀리는 모습을 보이면 나에 대한 단장들의 평가가 떨어지겠지. 그리고 노량진으로 들어오는 것도 꺼리게 될 거다.

뭐, 그게 아니라도 내가 이 밥 맛인 놈에게 굽실거릴 이유도 없다.

"거 말이 심하네. 뭐라고 한 거야?"

"내가 틀린 말을 했나?"

심상호는 네까짓 게 어쩔 건데란 태도였다.

하긴 지금까지 누구 하나 그를 건드려본 자가 없겠지. 재벌 3세에

잘나가는 고위 헌터기도 하다. 누가 감히 뭐라고 하겠는가. 심상호의 자신감 넘치는 태도에서 그런 부분이 잘 느껴졌다.

"강 위원의 제안을 거절하고 뭘 하나 했더니, 기껏 하는 게 이런 쓸모없는 것들을 끌어들이는 거였나? 응? 하여간 천한 것의 발상이란."

폭언이었지만 하이에나 단장들은 제대로 항의도 못했다. 그 정도로 고위 헌터는 무서운 존재였다.

"적당히 하지?"

보는 눈도 있어서 그 정도로 경고했는데 심상호가 영 말귀를 못 알아들었다. 그는 내키는 대로 비아냥거렸다. 12인 위원회의 자리가 아니니 걸리는 게 없는 모양이었다.

"어떻게 너 같은 놈이 메타트론의 화신이 된 건지 모르겠군. 아니, 유유상종이라고 대천사나 화신이나 똑같은 것들 아닌가?"

나를 모욕하는 건 그럭저럭 참을 수 있는데 메타트론을 모욕하니까 인내의 끈이 끊어지는 게 느껴졌다.

"말조심해. 지금 선을 넘었어, 너는."

"하하, 이거 미안하군."

냉기 풀풀 날리는 경고에도 여전히 심상호는 실실거렸다. 그러더니 손을 흔들고 몸을 돌린다.

"그럼 또 보자고. 어차피 네놈 솜씨로 이 땅을 제대로 관리하지도 못할 거다. 그러니 늦기 전에 현명한 결정 내리는 게 좋을 거야."

뭐야, 이대로 남의 속만 뒤집어 놓고 가려고?

그는 내가 절대 자신을 건드리지 못한다는 태도였다. 그래, 보통은 그렇겠지. 내가 어쩌지 못할 거라고 여긴 모양인데, 너 사람 진짜 잘못 봤다. 자랑은 아니지만 내가 좀 막 나가거든.

"어이."

나는 자리를 뜨는 심상호의 한쪽 어깨를 붙잡았다.

"뭐야?"

심상호는 짜증보다는 내 행동에 의아해하며 고개를 돌렸다.

그리고 그 순간.

퍼억!

요란한 소리와 함께 내 펀치가 심상호의 안면에 작렬했다. 이를 악물고 제대로 친 일격이었다. 심상호는 비명도 제대로 지르지 못하고 그대로 날아가 근처에 쌓인 건축 자재에 처 박혔다.

우르르르, 캉! 카강!

쌓여있던 철제 파이프관이 무너지면서 요란한 소리가 났다. 몸이 반쯤 철제 파이프관에 파묻힌 심상호는 코뼈가 부러져서 피를 줄줄 쏟아내고 있었다.

"하하하핫!"

그 꼴이 우스워서 나는 배를 잡고 웃음을 터뜨렸다. 반면 주변에 있던 헌터나 클랜의 관계자들은 놀라서 입을 다물지 못하고 있었다.

"야! 저거 봐!"

"심상호를 갈겨버렸는데! 맙소사!"

아무리 알력이 있어도 이렇게 박살낼 줄은 몰랐겠지.

"이 새끼야, 사람 봐가면서 깝쳐라."

내가 한 마디 해주자 심상호는 몸을 부들부들 떨면서 자리에서 일어난다. 역시 주먹 한 방에는 안 쓰러지는 건가. 그는 곧장 악에 받쳐

내게 달려든다.

"감히 내가 누군 줄 알고!"

뭐냐, 그럼 서민은 억울해도 가만히 있으란 거냐?

"주먹이 느리군. 그래서 날 한 대라도 때리겠나?"

심상호의 주먹은 계속 허공을 가르고 있었다.

"이 자식이 정말!"

생각대로 안 되자 분통을 터뜨리며 몸을 부들부들 떠는 심상호. 주변에는 이미 구경꾼들이 몰려와 있었다. 나는 들으라고 심상호를 도발했다.

"고위 헌터 자격도 돈 주고 샀나? 응?"

내 말에 구경꾼 몇이 웃음을 터뜨린다. 이것만 봐도 평소 심상호에 대해 아니꼽게 생각하는 이가 많음을 알 수 있었다. 그가 비록 고위 헌터라고는 하나 지금까지 자기 실력 이상의 영향력을 행사해 왔다. 그러니 좋게 보일 리가 없지.

"개새끼야! 내가 너 절대 가만히 안 둔다!"

"가만 안 두면 어쩔 건데?"

결국 심상호가 참지 못하고 칼을 뽑아들었다. 그러자 주변에서 놀란 듯한 탄성이 터진다. 그도 그럴 게 헌터들끼리 싸움이 붙어도 보통 주먹다짐으로 끝내지 그 이상으로는 안 가기 때문이었다. 무기를 쓰고 헌터의 능력을 썼다가는 어느 한쪽이 죽어나가기 십상이었다.

"네가 먼저 꺼냈다?"

나 역시 태양신격의 방패를 꺼내들었다. 그러자마자 심상호가 달려든다.

"죽어!"

이 녀석 진심이잖아.

심상호의 칼이 살벌한 마력 에너지로 불타오르고 있었다. 하지만 너무 정직한 돌격이었다. 힘으로 찍어 누르겠다는 듯한데 날 너무 얕봤다. 현현 안한 내가 별거 아니라고 여긴 것 같은데, 이 태양신격의 방패에 대해 잘 모르는군.

나는 침착하게 공격을 방패로 받아냈다.

콰아아앙!

심상호가 가한 공격의 마력과 태양신격 방패의 마력이 충돌하며 폭음이 일어난다. 나는 이때 방패의 특수 능력인 되돌리기를 사용했다. 그러자 그 위력이 고스란히 심상호에게 돌아간다.

"크아아악!"

심상호는 비명을 내지르며 뒤로 날아갔다. 그리고는 건물을 짓기 위해 올리고 있던 기둥 몇 개를 연달아 무너뜨리며 처 박힌다.

구우우우웅.

기둥이 쓰러지자 짓고 있던 3층 건물이 요란한 소리를 내며 기울더니 결국 무너졌다.

콰아아아앙!

자욱한 먼지가 일어서 사람들이 다 인상을 찌푸리고 물러난다.

"완전 저질러 버렸네, 메타트론쪽."

"그러게. 보복이 있을 텐데 저 양반 혼자 괜찮으려나?"

"앞으로 노량진이 어찌될지 모르겠네. 그나저나 심상호는 안 죽었겠지?"

"고위 헌터인데 저 정도로 죽을 리가. 그래도 저 무너진 건물더미에서 빠져나오려면 개고생 좀 하겠구먼. 속이 다 시원하네."

나는 구경꾼들이 떠드는 얘기에 별로 신경 쓰지 않았다. 이제 소문이 쫙 퍼지겠구나. 그래도 나는 앞으로 닥칠 여러 문제보다 심상호가 개망신을 당했다는 사실이 더 흡족했다. 누구도 건드릴 수 없는 대귀족가의 도련님께서 제대로 체면을 구겼으니까.

"자, 그러면 계속 돌아볼까요?"

나는 쾌활하게 하이에나단의 단장들에게 말했는데 그들 모두는 표정 관리가 안 되고 있었다.

결국 탐방을 왔던 하이에나단의 단장들은 서둘러 귀가해 버렸다. 사건에 휘말리기 싫은 거겠지.

이거 원.

한동안은 하이에나단을 끌어들이기는 어렵겠구나. 갑자기 심상호 녀석이 더욱 괘씸해지는 느낌이었다. 뭐, 일단 돌아가자. 오늘 일은 메타트론에게 보고해 둬야 하니까. 그런데 뒤쪽에서 날 포위해 오는 기척이 느껴졌다.

이거, 이거.

오늘 하루가 길고 거창하구나.

"어이쿠, 이게 누구십니까?"

돌아서서 웃으며 인사하자 나를 둘러싸고 있는 자들의 표정이 더욱 험악해진다.

"여유만만이로군?"

"이후디엘 클랜 분들이군요."

심상호는 대천사 이후디엘 클랜 소속이다. 주변을 둘러보니 그 수가 스무 명 가량. 모두 심상호의 일에 대한 앙갚음을 하려고 온 모양이다.

"심 위원님께서는 괜찮으십니까? 아까 거창하게 넘어지시던데. 하하하."

내가 가볍게 웃자 몰려온 이들 중 대표로 보이는 중년의 헌터가 울컥하며 소리친다.

"이놈! 젊은 놈이 어찌 그리 건방진 것이냐! 제아무리 서열 1위 메타트론 클랜 소속이라지만 엄연히 이 바닥의 선후배거늘!"

이 자식들은 늘 자기 입장에서만 얘기한다. 이럴 때만 선배라고 하는군.

"그래서 그 선배님들께서 우르르 몰려와서 어쩐 일이십니까?"

"몰라서 묻나! 천둥벌거숭이처럼 날뛰는 것도 정도가 있지. 감히 이후디엘 클랜의 위원을 공격해? 오늘 네놈 버릇을 제대로 고쳐주마."

그 중년 헌터의 말과 함께 같이 온 자들이 주먹을 풀면서 다가온다. 어디보자, 고위 헌터만 해도 셋이구나. 날 두들겨 주려고 벼르고 왔네. 이대로 주먹다짐으로 가면 내가 얻어맞을 수밖에 없다. 능력을 발휘해도 마찬가지. 저들에겐 고위 헌터가 셋이나 있으니까.

결국 여기서 비참하게 맞기 싫으면 답은 하나다. 리스크가 커서 그렇지. 잠시 고민하던 나는 그래도 못할 건 없단 생각이 들었다. 심상호를 줘 팰 때부터 이미 돌이킬 수 없는 강을 건넜다. 그렇다면 이제 와서 수습하려고 해봤자 소용없지. 괜히 스타일 구기지 말고 남자답게 뚜벅뚜벅 걸어가자. 돌아가서 메타트론에게 좀 혼나고 말지.

"정말 이러실 겁니까?"

"왜? 쫄리냐? 이제 와서 빌어도 소용없다. 유제아!"

"그게 아니라 그쪽이 걱정이라서 그럽니다."

"뭐야?"

대답할 것도 없었다. 나는 즉각 행동으로 옮겼다.

"현현하라!"

외침과 동시에 날 중심으로 검은 마력이 폭발해 사방으로 퍼진다. 그러자 포위하고 있던 이후디엘 클랜의 헌터들이 비명을 지르며 뒤로 쓰러진다.

"으아아!"

"크아악!"

현현으로 일어난 충격파만으로도 그들은 혼비백산이었다. 곧 검은 마력의 날개 두 쌍이 내 등에 드리워진다. 이것은 내 힘의 상징이었다. 원래는 한 쌍이었는데 레벨 업을 하고 나서 두 쌍으로 늘었다.

"하압!"

기합을 지르며 쏘아지듯 앞으로 튀어나간다. 그리고 막 몸을 일으키던 중년 헌터를 발로 차서 쓰러뜨렸다.

"크윽!"

데굴데굴 굴러가는 그를 따라가서는 발로 흉부를 짓밟았다. 그러자 그가 소리친다.

"대체 이런 법이 어디 있나!"
"왜? 뭐가 문제인데?"
"그런 힘을 같은 헌터를 상대하는데 쓰다니!"
그는 아무래도 이건 반칙이라고 말하고 싶은 듯했다.
"그러면 네놈들처럼 떼로 몰려와 주먹을 휘두르는 건 괜찮고?"
"정도란 게 있잖나!"
"여럿이서 하나를 두들기는 거야말로 정도를 넘어간 것 같은데?"
"크!"
찔렸는지 중년 헌터는 일순간 말문이 막혔다. 이어서 뭐라 변명하려 했지만 소용없었다. 내가 다리를 잡아 근처에 있는 건물 잔해 쪽에 집어던져 버렸기 때문이었다.
콰아앙!
요란한 소리를 내며 그는 포탄처럼 쳐 박혔다. 주변을 둘러보자 그를 따라온 헌터들은 겁먹은 기색이 역력했다. 몇몇은 슬금슬금 뒤로 빠지려고 했기에 쐐기를 박듯 말했다.
"너희들 오늘 몸 성하게 돌아갈 생각하지 마라. 한 놈도."
곧 일대는 헌터들의 비명 소리만 가득했다.

"본녀가 아주 못 살겠다! 이 사고뭉치 같으니라고!"
"미안."
사고를 치고 와서 메타트론에게 있었던 일을 다 보고 했다. 대형

사고를 친 셈이라 메타트론도 발끈했다. 그래도 가서 맞고 온 것보다는 낫지 않냐고 하자 메타트론은 고개를 끄덕인다.

"그거야 그렇구나. 본녀의 화신이 맞고 오면 기분이 더 나빴겠지. 혹시라도 맞고 다니면 안 된다, 유제아. 그랬다가는 본녀에게 얻어 터질 줄 알거라. 까부는 놈들이 있으면 쥐어 패란 말이다."

메타트론은 흥분했는지 혼자 허공에 주먹질을 해보이고 있었다.

"자자, 일단 여기 앉아. 초코우유 한 잔하고 기분 좀 풀어."

나는 미리 사간 초코우유를 건네며 메타트론을 달랬다. 그러자 메타트론이 정색한다.

"어허!"

역시 상황이 상황인 만큼 이런 건 안 먹히나?

그런데 그게 아니었다.

"빨대."

"아 참! 내 정신 좀 보게. 자자, 여기 빨대 대령입니다요."

노란 빨대를 꽂아주자 그제야 메타트론이 초코우유를 쪽쪽 맛있게 빨아먹는다. 컴퓨터를 하며 옆에서 지켜보던 지아 누나가 기가 막혀 한다.

"어이 너희 둘 다. 지금 그렇게 한가하게 굴 때가 아닌 거 같은데?"

지아 누나가 검색하던 노트북을 이쪽으로 내밀어 보여준다. 노트북 화면에는 천사와 헌터들만 접근이 가능한 인터넷 페이지인 엔젤릭닷컴의 화면이 보인다. 거기에는 오늘 사건에 대한 이야기로 완전 난리가 난 상태였다. 목격담부터 시작해서 각자의 의견, 향후 전망까지, 아주 떡밥이 제대로 터졌다. 심지어 내가 현현해서 이후디엘 클랜원들을 두들겨 팬 얘기까지 적혀있었다. 나는 화면에 시선을 빼앗겼는데 메타트론은 다른 게 더 신경 쓰이는 듯했다.

"유지아, 그 복장 좀 단정하게 하고 있으면 안 되겠느냐? 부담스럽다."

지아 누나는 핫팬츠 차림이다. 입은 티도 몸에 달라붙는 형태에 허리가 상당히 드러난 게 아슬아슬하다. 몸매가 워낙 예쁜 지아 누나라 잘 어울리는 차림이었다.

하지만 메타트론은 영 불만인 것 같다.

"메론아, 왜? 나쁜 몸매는 아니라고 생각하는데."

"으윽! 그 메론이란 호칭 좀 그만두면 안 되겠느냐? 이래 뵈도 서열 1위의 대천사니라."

"대천사인 거야, 헌터들에게나 대천사인 거고. 일반인인 내겐 그냥 귀여운 미소녀1일 뿐인데."

"우우…… 미소녀인 건 사실이지만, 그래도…."

메타트론은 첫 만남부터 지아 누나에게 말려들어가더니 그 수세를 여태 회복 못하고 있었다. 지켜보는 입장에서 말하자면 앞으로도 계속 그럴 것 같다. 순진한 우리 메론이가 당해내기에 지아 누나는 너무 수완이 좋았다.

"메론이 너도 몸매가 좋은데 왜 그래? 아담한 게 귀여운 데다가 볼륨도 상당하잖아. 엉덩이도 꽤 실하고."

뭐, 겉보기에는 그렇지만 사실….

"누나, 그게 말이야…."

퍼억!

뭔가 날아왔다.

방금 단단한 뭔가가 날아와 머리를 때렸다고.

주룩.

이거 빨간 거 설마 피야?

옆으로 보니까 메타트론이 날 죽일 듯 노려보고 있다. 그러더니 엄지로 자기 목을 그어 보인다. 아무래도 메타트론은 내가 밖에 나가서 다른 클랜의 헌터를 패고 온 건 참아도 자기 비밀을 밝히는 건 못 참는 듯했다. 나는 황급히 고개를 끄덕일 수밖에 없었다.

"그나저나 메타트론. 누나 말대로 정말 난리 났다."

"여론은 어떻느냐? 쪼옥, 쪼오옥!"

내게 그리 물으면서도 메타트론은 초코우유를 바닥까지 알차게 빨아먹느라 애를 쓰고 있었다.

"반반이야. 꼴 보기 싫은 놈 날려버려서 속 시원하다는 의견도 많은데, 그래도 그건 심했다는 얘기도 만만치 않고."

"흐응."

묻고도 건성으로 듣는 걸 보니 여론은 별로 신경 쓰지 않는 듯했다. 원래부터 저 녀석은 그런 성격인 거 같다. 자기 결정이나 자기 주관이 중요하지 남들의 생각은 신경 쓰지 않는다. 반면 여기서 지극히 상식인이자 변호사 자격증이 빛나는 지아 누나가 묻는다.

"그래서 앞으로 어떻게 되는데? 처벌이 있을 거 아냐?"

"보자, 징계 위원회에 회부된다는 것 같네."

메타트론에게 물어봐야 아는 게 없을 테니 넷에서 헌터협회 규정을 읽어봤다.

"흠… 아무래도 역천사Virtus들이 날 잡으러 올 건가봐."

관련 사례를 들며 넷에서 떠드는 걸 보니, 조만간 역천사랑 징계 위원회의 집행자들이 날 찾아올 것 같다. 그렇게 구속된 이후에 징계 위원회에서 처벌을 결정한다는 내용이었다.

스무 명이 와서 날 때린 저놈들도 큰 처벌을 받겠지만 헌터들 간의 싸움에서 현현을 한 것도 큰일이다. 결국 징계 위원회가 열리면 이기는 건 심상호 뿐이다. 그렇기 때문에 단체로 내게 위력을 행사한 이후디엘 클랜도 심상호를 위해 이번 일을 원만히 합의하지 않을 거다.

"누구 맘대로 내 동생을 잡아가!"

일단 지아 누나가 펄쩍 뛰었다.

"그렇지만, 지금까지 이 규정에서 예외는 없었다고 하는데."

나는 노트북을 덮고는 의자에 몸을 묻었다.

지아 누나는 내 태도가 태평하다고 화를 낸다.

"얘가 지금 곧 잡혀가게 생겼는데 남 일처럼 이래? 야반도주라도 해야 할 거 아냐? 누나는 네가 범죄자가 되더라도 언제나 네 편이야!"

"아니, 그렇게 당장이라도 짐 싸서 튈 필요는 없으니까."

"잡혀간다며?"

근심이 가득한 지아 누나를 보고는 난 피식 웃어보였다.

"걱정 마. 순순히 잡혀갈 생각이 없으니까."

"응?"

"날 잡으러 오면 다 물리칠 생각이니까 걱정하지 말라고."

내 말에 지아 누나는 더 이해가 안 된다는 표정이었다. 그도 그럴

게, 지금 내가 한 말은 체포하러 온 경찰을 날려버리겠다는 뜻이기 때문이다. 법과 상식 속에서 살아온 지아 누나는 내 말 자체가 이해가 안 되는 듯 묻는다.

"그래도 돼? 위원회라며?"

그 물음에 뒤에서 듣고만 있던 메타트론이 끼어든다.

"안 될 건 무엇이냐? 유지아."

들고 있던 초코우유갑을 들어서 쓰레기통에 던지는 메타트론. 지금 그녀는 꼬맹이 같은 평소 모습과는 거리가 멀었다. 줄곧 타천사라고 불렸던 것처럼 호전적인 모습 그 자체였다.

"매사 그렇게 규칙에 얽매일 필요 없는 것이다. 맘에 안 들면 깨부수면 그만일 터. 유지아, 이제 보니 꽤 순진하고 귀여운 구석이 있었구나. 호호호!"

마치 거물처럼 비웃는 메타트론의 모습에 지아 누나는 벙쪄 버렸다. 반면 메타트론은 자신을 꼬맹이 취급했던 게 꽤나 불만이었던 듯, 지아 누나에게 한 방 먹여주고 기뻐한다.

역시 유치한 성격이야.

"그래서 어쩌려고? 메론아."

"걱정할 것 없다. 이 성소는 메타트론 신성지의 중심. 그야말로 불침의 요새이다. 까짓 거 내일부터 농성을 시작하면 그만이다."

지아 누나는 입이 쩍 벌어진다.

"지금 같은 편을 상대로 농성전을 벌이겠다는 거야?"

"안 될 거 무엇이냐? 같은 편이고 뭐고 클랜원을 잡으러 오는데 물리쳐야 할 것 아니더냐?"

나 역시 메타트론의 뜻에 동의했다. 이대로 순순히 잡혀갈 거라고 생각하면 오산이지. 위원회는 개뿔 위원회. 내 알 바 아니다.

"역시 메타트론이야."

내가 흡족해서 말하자 메타트론도 나와 같은 표정으로 흡족하게 고개를 끄덕인다.

"역시 유제아야."

곧 우리는 손을 마주잡고 호탕하게 웃음을 터뜨렸다.

"하하하! 재밌어지겠군!"

"호호호! 그러게 말이다! 기왕이면 우릴 잡으러 올 놈들을 약탈하자. 재산이 늘 것이다."

"그거 좋은 생각인데!"

"사실 본녀도 예전부터 이후디엘이 마음에 안 들었다. 그쪽 위원을 혼내줬다니 생각해 보니 속이 다 시원하구나. 잘 해줬구나, 유제아."

"그래? 역시 그렇지?"

"호호호!"

"하하하!"

지아 누나만이 황당함을 감추지 못하고 우리 둘을 바라볼 뿐이었다.

"둘 다 대범한 건지, 엄청난 바보인 건지. 누나는 정말 모르겠어."

흠, 내 생각에는.

어느 한 쪽이 아니라, 양쪽 모두일 것 같았다.

다음날 정오.

이례적으로 빠르게 역천사와 집행자들이 날 잡으러 도착했다. 역천사 4위位에 집행자인 헌터 12명이었다. 그리고 일이 어떻게 될까 구경 온 자들만 해도 백여 명이 넘었다. 그 중에는 붕대를 감고 있는 이후디엘 클랜의 헌터들도 보인다. 역천사들은 원룸 건물 앞에서 서서 큰 소리로 외친다.

"유제아 위원! 전날 있었던 폭력 사태로 인해 찾아왔소이다! 당장 우리와 동행해 주셔야겠소! 징계 위원회에서 유 위원의 처우를 결정할 것이오!"

역천사가 고래고래 소리를 지른다.

거, 목청 되게 좋구나.

나는 원룸 창문을 열고 고개를 내밀었다. 밖에 천사와 사람들이 잔뜩 몰려와 있었다. 누가 폰으로 사진을 찍기에 일단 포즈를 좀 취해줬다.

"꺄아! 유 위원님! 이쪽도요!"

주로 여자 헌터들이었다. 한 무리의 귀염둥이 헌터들이 소리치는 쪽을 향해 다시 포즈를 잡아줬다. 그러자 곳곳에서 사진 찍는 소리가 들렸다. 보니까 구경꾼들 중에는 내게 호감있는 자가 반, 적대적인 자가 반인 듯했다. 이후디엘 클랜의 헌터들은 당장 내 태도에 불만을 터뜨렸다.

"저걸 보라고! 그런 짓을 해놓고도 저리 당당하다니!"

"이 음식물 쓰레기 같은 놈아!"

꽥꽥거리기에 나도 대응을 해줬다.

"조까! 내가 잘못한 게 없는데 웬 지랄이야!"

"뭐! 저게 미쳤나!"

곧 고성이 오고갔고 구경나온 헌터들은 흥미진진함을 감추지 못하는 표정이었다. 왜 안 그러겠어, 헐리웃 블록버스터보다 더 재밌는 상황일 테니까. 반면 업무를 처리해야 하는 역천사들은 점점 화를 참기 어렵게 된 모양이었다.

"유 위원! 자꾸 이런 식으로 나오면 신상에 좋을 게 하나도 없소이다!"

그 소리를 듣고 나는 빽 소리를 질렀다.

"뭐! 천사면 다냐! 어디 이 새끼들이 감히 메타트론의 화신을 협박해!"

내 폭언에 역천사들은 말문이 막혀버렸다. 서열 1위인 메타트론의 위엄은 역시 내 생각 이상인 것 같았다. 그러는 사이 나와 이후디엘 클랜 헌터들 간의 말싸움을 계속됐다. 점입가경이어서 급기야 양쪽에서 쌍욕이 오가기 시작했고, 이제는 각자의 부모님 안부를 물었다.

"이후디엘 놈들아! 부모님은 건강하시냐?"

실제 대사보다 순화해 보자면 이렇다.

"유제아! 너는 부모님이 안 계시다고 들었다!"

이 이후디엘 클랜쪽 대사도 상당히 순화한 것이다. 우리가 나눈 실제 대화에 다들 입을 쩍 벌린 건 말할 필요도 없다.

"세상에, 저런 건 보통 AOS게임할 때 채팅창에서만 쓰는 욕 아닌가요?"

"실제로 들으니까 뭐라 표현하기 힘드네요."

한창 그러고 있는데 역천사들이 결국 무기를 빼들었다.

"유 위원. 이렇게 나온다면 강제로 끌고 갈 수밖에 없소!"

"아! 나는 잘못한 거 없다니까 그러네! 그 심상호 놈이 먼저 시비를 걸었다고!"

"그건 가서 시시비비를 가리면 될 일이오!"

"거절한다!"

딱 잘라 말한 나는 원룸 창문에서 떨어져 뒤로 손을 내밀었다. 그러자 안에서 만화책을 보고 있던 메타트론이 무언가를 내민다.

그건 RPG-7이었다. 제3세계에서 유행하던 이 싸구려 무기는 몬스터 사태 이후 국내에 대량 수입되어 무척 흔해졌다. 방어막이 없는 7등급 이하 몬스터를 상대로 매우 효과적이었기 때문이었다.

"유제아, 역시 본녀가 직접 쏴보고 싶은데…."

"네가 나서면 일이 커져. 가만히 좀 있어."

"…쩝. 아쉽지만 참도록 하지."

"후폭풍이 있으니까 물러나. 반대쪽 창문 열었지?"

"걱정 말거라."

나는 창문에서 밖을 겨냥했다. 그러자 지켜보고 있던 사람들이 비명을 지른다.

"미친놈!"

"야! 피해! RPG야!"

"으아아아아!"

사방으로 다들 흩어지던 그때, 나는 주저 없이 RPG-7을 발사했다.

쓔아앙! 콰아앙!

탄두는 역천사들이 모여있는 한 가운데를 때렸고 화염과 충격파가 그들을 덮쳤다.

"쐈어! 저 미친놈이 진짜 쐈다!"

"맙소사!"

혼비백산하던 구경꾼들은 난리가 났다.

"세상에! 메타트론 클랜은 뭘 믿고 저렇게 막나가는 거야!"

내 말이….

나도 진짜 모르겠다. 하지만 불합리한 현실을 인내할 생각은 없다.

"유 위원! 도저히 참을 수 없소! 강제로 끌고 갈 테니 원망하지 마시오!"

결국 역천사들의 인내심이 박살났다.

"올 테면 와봐!"

나는 즉각 준비해둔 화기를 쏘며 저항했다.

쌔애액! 콰아앙!

폭발음이 터지자 열 받은 상대도 원룸 건물에 마법을 쏘아댔다.

쿠아아앙! 콰아앙!

번쩍!

아주 난리가 났다. 이미 구경하던 사람들은 휘말려 들까 멀리 도망간 뒤다. 나는 홀로 전투를 시작했다. 하지만 이 싸움은 단연 내가 유리했다. 이 원룸 건물은 평범해 보이지만, 엄연히 메타트론의 성소다. 외부의 공격을 완벽히 방어하고 있었다. 역천사와 집행자들이 아무리 능력을 사용해도 보이지 않는 벽에 가로 막혀 소용이 없었다. 반면 이쪽 공격은 그대로 들어간다. 나는 창문까지 날아오른 역천사를 향해서 방패를 던졌다.

"크악!"

방패에 얻어맞은 역천사가 추락하자 안 되겠다 싶었는지 상황을 지켜보던 이후디엘 클랜의 헌터들까지 가세했다. 하지만 그들의 공격은 전부 통하지 않았다. 아무리 악을 써도 건물에 흠집도 나지 않는다. 유일하게 출입할 수 있는 곳은 열린 창문 뿐. 그것도 내가 창문을 닫아버리자 이곳은 완전무결한 요새가 됐다.

"유 위원! 이게 대체 무슨 짓이오!"

닫힌 창문 너머로 역천사들의 원성이 아련하게 들려온다. 나는 밧줄을 대충 챙겨서 원룸을 나섰다.

"어딜 가느냐? 그대여? 대강 막으면 되는 것 아니더냐?"

"그걸론 안 돼. 가서 할 게 있어."

메타트론에게 그리 말하고 원룸 입구로 내려가 문을 열었다. 그러자 상황을 타계하지 못해 쩔쩔 매던 자들이 반색한다.

"이제야 포기했나!"

어림없는 소리. 포기는 누가 포기. 나는 밧줄을 들어 가까이 있던 이후디엘 클랜의 헌터 하나에게 집어 던졌다. 마치 카우보이처럼 멋진 밧줄 던지기로, 미리 만들어둔 고리가 그 헌터의 몸에 감긴다.

"뭐야! 지금 뭐하는 거야!"

당황해서 발버둥치는 그들을 순식간에 끌어당겼다.

"살려줘!"

발버둥을 쳐봤지만 주변에서 어쩌기도 전에 그는 내게 잡혀버렸다.

"이거 반가운 얼굴 아닌가?"

밧줄에 딸려온 이는 어제 내게 시비를 걸었던 그 중년의 헌터였다. 이것도 인연인데 이따 이름이나 물어봐야겠다.

"놔! 놓으라고!"

반항이 거칠기에 뒷목을 강타해서 기절시켰다. 추욱 늘어진 중년의 헌터를 원룸 건물 안으로 잡아 던지고 다시 밧줄을 머리 위에서 돌리니 주변에서 기겁을 한다.

"인간 사냥이다!"

"인간 사냥꾼이다!"

뭐, 이쪽에서는 인질 및 포로를 잡으려는 셈이지만 어째 이상하게 받아들여지고 있는 것 같은데?

그런데 아쉽게도 두 번째로 밧줄을 던진 건 상대편이 대비하고 있었기에 실패했다. 하긴, 몬스터와 싸우는 헌터들인데 날아온 밧줄에 붙잡힐 정도로 어수룩하진 않겠지. 그래도 내가 포로를 잡는다는 것에 다들 경악하며 물러나고 있었다.

"젠장! 메타트론이 직접 보호할 줄이야."

"자기 화신이니 쉽게 내줄 생각은 없겠지."

"그래도 이건 상식을 초월하잖아. 뭐, 이런 경우가 다!"

날 잡으려던 이들은 다들 당황하는 기색이 역력했다. 설마 메타트론까지 성소의 힘을 사용해 날 지원할 줄은 몰랐던 거다. 그야말로 사태가 타협의 여지없이 막장으로 치닫고 있으니 다들 얼이 빠진 모양. 그렇게 이러지도, 저러지도 못하는 와중에 역천사 중 책임자로 보이는 이가 나선다.

"오늘은 날이 아닌 것 같으니 조만간 다시 오겠소!"

그러면서 현명한 판단하라고 충고한다. 더 아웅다웅해봐야 별로 소득이 없고 체면만 구길 테니 물러나려는 것 같다. 이미 역천사와 집행자들의 체면은 바닥을 기고 있었다.

망신도 이런 망신이 없을 터. 다들 이를 가는 게 보였다. 뭐, 그러가나 말거나 나는 자진 출석할 생각은 조금도 없었다. 기절한 중년의 헌터를 들고는 그대로 원룸 위로 올라갔다.

"음? 그 놈은 무엇이냐?"

"포로야, 포로."

"번거로운 것을 주워왔구나, 먹일 입이 하나 늘지 않았느냐. 지갑만 털고 밖에다 버리지 그러느냐."

"어차피 식재료야 무한으로 구할 수 있잖아."

성소 안에서 버티면 사실상 반영구적으로 지낼 수 있다. 천사의 상점을 통해 식재료나 기타 필요한 건 구매하는 게 가능하기 때문이다. 참고로 천사의 상점은 예전 군주급 몬스터를 잡은 덕에 조 단위의 잔고가 있다.

게다가 성소에서 소규모로 순간이동도 가능해서 필요하면 안산이나 여타 지역으로 빠져나가는 것도 가능하다. 다만 성소에서의 순간이동은 소규모만 가능하고, 매번 천사들을 귀찮게 해야 하기에 게이트를 따로 설치하는 거다. 성소에서의 이동은 게이트에 비해 효율이 한참 떨어지긴 하나 몇몇이 움직이기에는 아무 문제없었다.

이러니 이 원룸 건물을 요새 삼아 농성하는 것도 상당히 할만 하달까. 나도 생각 없이 일을 벌인 게 아니다. 그렇게 본격적으로 내 농성은 시작됐다.

농성일지 유제아

<농성 2일 차>

변함없이 날씨가 좋았다. 쫓겨 간 역천사들과 집행자들은 오늘 오지 않았다. 인터넷을 보니 어제 일로 난리가 나 있었다. 헌터와 천사들은 전례가 없는 일에 전율한 듯했다. 오늘은 메타트론이 해산물 볶음밥을 만들었다. 참 맛있었다.

<농성 3일 차>

잡아온 중년 헌터의 이름은 윤성식였다. 성식이 형이라고 부르기로 했다.

"누구 맘대로 친근하게 성식이 형이야!"

옆에서 발끈했지만 무시했다.

"무시하지 말라고! 사람이 말하고 있잖아!"

오늘은 저녁에 지아 누나가 삼겹살을 구워줬다. 메타트론과 셋이 부르스타를 가운데 두고 둘러 앉아 삼겹살을 구워 먹었다. 성식이 형한테도 줬지만 먹지 않았다.

"비계만 잘라주는 게 어딨어! 살도 같이 달라고!"

아무래도 좀 시끄러운 사람을 잡아온 것 같았다.

어쨌든 삼겹살은 참 맛있었다.

<농성 4일차>

오늘은 신선한 회를 먹기로 했다.

나 혼자 몰래 성소에서 순간이동 해서 안산의 횟집에서 회를 잔뜩 썰어왔다. 메타트론은 처음 먹어보는 회에 충격을 느낀 듯했다. 막연한 혐오감을 드러내며 싫어했는데 곧 연어 맛에 무너져 내렸다.

"세상은 연어가 있어서 살만한 곳이구나."

라는 평을 내렸다.

성식이 형에게도 권했지만 먹지 않았다.

"이거 회가 아니라 밑에 까는 천사채거든! 그거 쓰레기로 버리는 거잖아!"

성식이 형은 여전히 기운차고 불만이 많았다.
어쨌든 회는 참 맛있었다.

<농성 5일차>

사태가 장기화되는 조짐이다.
원룸 밖에서 연일 시위가 있는 듯했지만 창문을 닫고 신경 쓰지 않았다. 밀린 라이트노벨이 많아서 이 기회에 몰아보고 있었다.
[던전의 주인님]이란 라이트노벨이 너무 재밌었다.
그리고 오늘은 치킨을 튀겨 먹기로 했다. 지아 누나랑 메타트론이 주방에서 사이좋게 솜씨를 발휘한다.
둘이 점점 친하게 지내는 게 무척 보기 좋았다.
미녀와 미소녀가 함께 요리하는 모습이 절로 그림이 되어 나도 모르게 사진을 찍었다.
"지금 도촬하고 있는 거지! 앵글이 로우 앵글이었거든! 것보다 셔터음도 안 나는데!"
성식이 형은 여전히 내게 불만이 많았다.
로우앵글이라니 그럴 리가 있나. 사람을 뭐로 보고.
그나저나 오늘은 당근이랑 토끼 그림이 들어간 걸 입고 있군.
역시 메론이는 귀여워.

<농성 6일 차>

오늘은 게임을 하기로 했다.
몇 년 전부터 틈틈이 하던 MMORPG다.
옆에 있던 성식이형도 하고 싶은 듯해서 시켜줬다.
"왜 포로에게 앵벌이를 시켜! 뭐? 오늘 할당량 못 채우면 밥은 없다고? 너는 악마냐!"
남이 들으면 오해할 만한 소리를 하는군.
성식이형은 어쨌든 게임에 열심이었다.
그리고 오늘은 귀찮아서 통조림을 먹기로 했다.
성식이형도 앵벌… 아니, 재밌게 게임하느라 힘들었을 테니 통조림을 줬다.
"이거 고양이 통조림이거든! 이젠 사람 취급도 안 해주는 거냐!"
오늘 밥도 참 맛있었다.

농성도 벌써 7일차에 접어들었다. 오늘은 외부에서 손님이 왔다. 바로 스이엘이었다. 그녀는 지금 상황을 중재해 보겠다고 찾아왔다.

그래서 비어있는 2층의 원룸 한 곳에서 단독으로 만났다. 아무래도 옆에 메타트론이 있으면 스이엘이 말을 제대로 못할 것 같아서였다. 스이엘은 날 보더니 바로 인상을 찌푸린다.

"유제아, 너 초 황당하거든?"

"하하하."

"웃고 넘길 일이 아냐. 밖에 지금 얼마나 난리 났는지 알아? 그런데 여기서 한가하게 놀고 있어? 와, 이 녀석 피부 좋아진 것 좀 봐. 비결이 뭐야?"

"충분한 수면."

찍!

"아야!"

스이엘에게 등짝 스매시를 맞았다. 아파서 등 뒤의 날개 뼈가 서로 만날 정도로 움츠렸다.

"말이나 못하면!"

"어차피 벌어진 일 어쩌겠어요."

"에효."

스이엘은 한숨을 내쉬더니 자신이 자리를 마련할 테니 원룸 밖으로 나오라고 했다.

"저 죄송한데요. 스이엘님이 무슨 힘이 있어 중재를 하신다고…."

"야! 뭐 내 힘으로 한다고 했냐! 미카엘라님이 나서신다고."

"아, 그렇구나."

그제야 알겠다는 표정을 짓자 스이엘이 울컥하는 얼굴이 된다. 그래도 꾹 참는다. 의외네? 보통 이럴 때 안 참는데.

"아무튼, 나와? 알겠지?"

"라미엘 클랜 쪽이랑 만나는 건가요?"

"그래. 그 외에도 여럿 나올 거야."

"흐음…. 어떻게 할까?"

"나와, 유제아. 평생 여기서 농성할 거니?"

"못할 것도 없을 듯해서."

"그 말이 진짜 같아서 더 무섭다."

"아무튼 생각 좀 해 볼게요. 메타트론이랑도 얘기도 해보고요. 참, 제 안전은 보장되는 거죠?"

"물론이지. 미카엘라 클랜에서 보장할게."

"알겠어요. 생각해 보고 연락 드릴게요."

스이엘은 알겠다고 하며 자리에서 일어났다.

"되도록 빨리 답을 줘."

그렇게 스이엘과 짧은 만남 이후 메타트론과 이 문제를 상담했다. 한동안 갑론을박했는데 결국 중재가 잘 안 되더라도 일단 나가서 손해 볼 건 없단 결론에 도달했다.

"이쪽에서 거절하면 여론상 불리해질 것이다. 유제아. 그리고 이건 밖의 상황도 살필 수 있는 기회 같구나."

"알겠어. 그럼 갖다 올게."

"대신 터무니없는 조건에는 응하지 말도록."

"물론이다. 라미엘 클랜에 일방적으로 사과하는 구도면 당장 회담장을 뛰쳐나올 거야."

"말 한 번 시원하게 해주는 구나, 유제아."

“그런데 여론이 너무 나쁘면 어떻게 하지? 그리고 본의 아니게 요번에 너도 욕먹게 된 것 같아서 미안한데.”

“너무 걱정하지 말거라. 자랑은 아니지만 본녀가 예전부터 인망이 없어서 더 내려갈 곳도 없다.”

저기, 그건 진짜로 자랑이 아닌 것 같은데.

“그, 그래. 고마워.”

어쨌든 메타트론의 흠집투성이 인망에 감사하며 스이엘의 제안에 응하기로 결정했다.

이틀 뒤.

스이엘이 주선한 장소로 향했다.

원룸 건물 밖에 누군가 있으리라 생각했는데 아무도 없어 허망한 느낌이 들었다.

“성식이형. 아무도 안 보이네요?”

“저기 친근하게 말 걸지 말아줄래?”

“형 섭섭해요. 일주일이나 동거동락했으면서.”

성식이형은 메타트론 클랜이라면 이제 학을 떼고 있었다. 그래도 미운 정이 들었는지 태도가 처음과는 다르다. 게다가 나랑 얘기도 많이 했는데, 심상호가 재수 없다는 건 성식이형도 인정했다. 그래도 그건 그거고, 라미엘 클랜이란 입장으로 어쩔 수 없이 날 두들겨 주러 올 수밖에 없었다는 것.

나도 그런 성식이형의 사정을 이해한다. 게다가 첫날 이후로 원룸으로 쳐들어오는 무리도 없으니 더 포로로 잡고 있을 필요도 없어 놔주기로 한 거다. 솔직히 포로가 필요했다기 보다 그냥 울컥해서 억류한 게 크지.

"형, 조심해서 들어가세요."

"함께해서 거지같았고 다시는 보지 말자."

"하하하. 들어가세요."

성식이형이랑 이별한 뒤에 약속 장소로 향했다. 주변에 헌터들이 하나둘 보이기 시작한다. 그들은 날 발견하더니 깜짝 놀란다.

"뭐야, 어떻게 된 거야?"

"저 녀석 진짜 장난 아닌 듯. 천사도 공격했다잖아."

"그래도 심상호 박살낸 건 시원하긴 하더라. 인물은 인물이야."

"그건 그래. 막 저질러 버리는 걸 보니."

주변에서 날 보고 소곤거리고 있었다. 그러거나 말거나 나는 당당하게 약속 장소로 향했다. 만나기로 한 곳은 새로 만들어진 강당이었다. 입구에서는 이미 사람들이 날 기다리고 있었다. 내게 당했던 자들이 대부분이라 시선들이 험악하기 그지없다. 나는 스이엘을 발견하고 인사를 했다.

"좋은 아침입니다."

"진짜 너는 넉살도 좋아. 목에 칼이 들어와도 웃을 것 같아."

"뭐, 저라도 그 정도는 아니에요."

안으로 들어가니 이미 자리가 다 세팅되어 있었다.

예의상 마지못해 타준 것 같은 커피를 홀짝이고 있자니 곧 심상호

본인이 나타났다. 날 보자마자 표정이 썩어 들어가는 게 볼만하다. 원한이 가득한 얼굴인데 오늘 합의할 생각이 있긴 한 걸까? 아니나 다를까, 곧 심상호는 날 비난부터 하기 시작했다. 조목조목 걸고넘어지는 게 준비를 많이 한 것 같았다.

"유제아 위원의 어처구니없는 폭력 사태는 엄중한 처벌을 받아 마땅하다고 생각합니다."

뭐야?

합의하러 온 거 아닌가. 이거 어째 분위기가 내 징계위원회 같은데. 상황이 이러니 나 역시 날 선 대꾸가 입에서 절로 나왔다.

"결국 다 본인 입으로 자초한 사태가 아닙니까? 그러게 가만히 있는 사람에게 그 방정맞은 입으로 왜 시비를 걸어요."

"뭐! 방정?"

곧 심상호와 나 사이에 감정 섞인 욕설이 오갔다.

틀렸다.

전혀 합의가 될 분위기가 아냐. 스이엘에게 눈으로 묻자 그녀는 곧 시선을 피하고 모른 척한다.

뭐야.

중재하겠다고 하더니 한 발 빼려고 하네. 어이가 없다.

더 있어봐야 소용없겠다 싶어 자리에서 일어났다.

"말해봐야 입만 아프군요. 돌아가겠습니다."

그런데 내가 자리에서 일어나는 순간 분위기가 급변했다. 주변에 있던 모두가 갑자기 무기를 뽑아들기 시작했던 것이다.

"하? 뭡니까?"

어이없어 하고 있는데 문제는 그게 끝이 아니었다. 강당 문이 열리더니 일단의 무리들이 우르르 몰려온다. 이후디엘 클랜뿐 아니라 여타 나랑 마찰이 있던 곳의 헌터들이었다. 그 중에 대천사 라미엘 클랜의 위원인 강풍호도 보인다.

강풍호 저놈이 기어코!

모두 나를 둘러싸고는 무기를 뽑아든다.

"유제아, 순순히 항복하라."

강풍호가 자신의 애병인 커다란 도끼를 내게 겨누며 자신만만하게 외친다. 이미 상황이 끝났다는 자신감이 느껴졌다. 그도 그럴 게 날 둘러싼 헌터들은 백여 명에 가까웠다. 처음부터 함정이었나. 이게 뭐냐는 표정으로 스이엘을 쳐다봤다. 그러자 그녀는 냉소적인 표정으로 어깨를 으쓱한다.

"유감."

그녀의 그 짧은 한 마디에 나도 모르게 입이 벌어졌다. 이 무슨 빌어먹을…….

"스이엘! 배신한 겁니까!"

"네게 나쁜 감정은 없지만 상황이 그렇게 됐다고 할까?"

"이게 대체!"

내 앞에서 무기를 뽑아든 백여 명의 헌터보다 스이엘 하나의 배신이 훨씬 뼈아프게 다가왔다.

아니, 쉽게 믿기지가 않는다.

지금 내 앞에 있는 저 천사가 그 스이엘이 맞는 걸까? 나랑 같이 울고 웃었던 그 스이엘이? 갑자기 소름이 돋는다. 천사란 존재를 너무 쉽게 믿었다는 생각이 들었다. 생각해 보면, 메타트론을 빼고는 다 남이 아닌가.

"진짜예요?"

그래도 도무지 믿기지 않아 한 번 더 물었다. 하지만 대답은 냉정하고 빨랐다.

"일단 사과는 할게."

건성으로 웃어 보이는 스이엘.

그녀의 분홍색 머리가 찰랑이는 꼴을 보니 배신감에 치가 떨렸다. 갑자기 심장이 크게 뛰며 가슴팍에서 불길이 솟구친다. 나는 폐부에서부터 끓어오르는 분노를 외쳤다.

"스이엘!"

전력으로 스이엘에게 튀어나갔다. 하지만 나는 곧 가로 막혔다.

"그러면 곤란하지!"

사사건건 내게 시비를 걸던 강풍호였다. 우리는 곧 부딪쳤고 곧 요란한 폭음과 함께 튕겨 나갔다.

콰아아앙!

짧은 순간 서로 가해진 공격 탓에 강풍호와 내 몸에선 연기가 피어오르고 있었다. 나는 옷에 붙은 작은 불을 손바닥으로 털어 끄며 이를 갈았다. 그런 날 보며 강풍호는 비웃음을 머금는다.

"미안하지만 스이엘님을 너 따위가 건드리게 할 수 없지. 이제부터 미카엘라 클랜과 그 휘하의 천사들은 우리에게 VIP거든."

"뭐? 그게 무슨 소리야?"

"이런이런, 몰랐나? 미카엘라 클랜이 이쪽 편을 들기로 한 걸?"

나는 곧장 스이엘을 쳐다봤다. 그녀는 안 됐다는 표정으로 입을 연다.

"미안. 동맹 관계란 건 서로의 이익에 따라 언제든 변할 수 있는 거잖아? 미카엘라님은 현재 메타트론 클랜의 행동에 우려가 크셔. 메타트론과 너는 정말로 똑같지. 대국적인 안목이 부족하다고."

"맞다!"

강풍호가 옆에서 찬동한다.

대국적은 무슨, 이 날강도들이.

"얼마 전에 미카엘라님께서 타협안을 제시했던 거 기억해? 노량진을 방어하면서도 메타트론 클랜의 이익을 어느 정도 보장하는 합의점이었다고. 그 결과를 도출하기 위해 미카엘라님이 얼마나 노력한 줄 넌 모를 거야. 하긴 너나 메타트론이 뭘 알겠어?"

스이엘의 얼굴에 경멸이 떠올랐다.

"정치에 대해서."

하지만 나는 바로 쏘아붙였다.

"스이엘 그 입 닥쳐! 더러움에 대해 알지 못한다고! 더러움과 타협하지 못한다고! 그런 소리를 들을 이유는 없어!"

"하! 정말 전부터 말발은 타고났군. 어쨌건 메타트론이 합의안을 거절했을 때 미카엘라님의 인내심은 끊어진 거야. 유제아, 내가 전에 말했지? 미카엘라님은 과감한 분이라고. 그리고 네 마음을 부술 정도로 잔인한 행동을 할 수도 있다고. 나는 분명히 조언을 했다고. 예상하지 못한 너 자신을 원망하렴."

이제야 나는 미카엘라 클랜의 중진들의 마음을 이해하게 되었다.

미카엘라는 원래 그런 여자였다. 정치적 선택을 위해 과거의 친우조차 내버릴 수 있는. 내가 잠시 그녀의 따뜻함과 우아함, 아름다움에 끌려서 알고도 그걸 잘 느끼지 못했었다.

태양은 가까이 다가가기엔 너무 위험한 존재다.

나 역시 미카엘라와 거리를 두고 그녀에 대해 생각해 봤어야 했다. 이미 늦어버린 것 같지만.

“유제아, 다 끝났어. 얌전히 항복하렴.”

“제가 이 정도 포위도 뚫고 도망치지 못할 거라고 생각합니까? 그리고 다시 성소에 숨는다면…….”

“아니, 그런 일은 없어.”

내 가정에 대해 스이엘은 딱 잘라 말한다. 그리고 내 가슴팍이 서늘해지는 것 같은 말을 꺼냈다.

“유제아. 메타트론도 무사하지 못할 거야.”

메타트론은 그녀답지 않게 긴장된 얼굴이었다. 평상시 유제아에게 보여주던 어린애 같은 표정은 전혀 찾아볼 수가 없었다. 입술을 잘근잘근 씹는 게 꽤 초조한 기색이기도 했다.

현재 그녀는 분신의 몸으로 성소를 나와 미카엘라의 신성지로 향하고 있었다. 본체는 신성지를 지켜야 하니, 외출할 때는 이렇게 힘과 능력이 열화된 분신으로 나다니는 게 보통이다.

그런데 이 방구석 폐인 기질이 보이고 있는 대천사가 이리 급하게 밖으로 나온 건 의외의 일이었다. 특히 지금처럼 다른 클랜과 마찰이 심한 이때에 말이다.

하지만 메타트론은 분명히 서두르고 있었다.

곧 그녀는 미카엘라 신성지의 중심, 태양의 대천사가 머물고 있는 성소에 도착했다.

"미카엘라."

"왔구나."

메타트론의 도착에도 미카엘라는 우아하게 앉아 차를 홀짝이고 있었다.

"앉으렴."

"그럴 생각 없는 것이다. 어서 말해 보거라."

"무얼 그리 서두르니?"

"서두르지 않는 게 이상하지 않겠느냐! 어서 내 여동생의 죽음에 대해 말해 보거라."

오늘 이렇게 메타트론이 움직인 건 미카엘라의 전언 때문이었다. 미카엘라는 메타트론이 거절할 수 없는 제안을 했다. 그건 바로, 산달폰의 죽음에 대한 진상을 알려주겠단 얘기였다. 메타트론의 여동생인 산달폰의 죽음은, 많은 부분에서 미스터리로 남아 있었다.

하지만 입을 굳게 다물고 있는 자들 중, 그날의 진실을 일부나마 알고 있는 이가 있다는 이야기가 돌았다. 그리고 그런 인물 중 하나가 미카엘라였다.

"좋아. 그 이야기를 들으려고 온 걸 테니까."

"딱 잡아떼고 모른 척하기에 설마설마 했다. 교활한 계집 같으니라고."

"그게 친우에게 할 소리니?"

"우리가 아직 그런 관계였던 것이냐? 하! 정말 놀랍군."

"비아냥은 됐단다. 나는 쓸데없는 감정 낭비를 하기 위해 널 부른 게 아니니까."

"흥! 아주 잘났구나."

"자, 그러면 어디서부터 얘기해야 할까…. 산달폰이 어떻게 죽었는지까지 말할 필요는 없겠지. 네가 궁금한 건 왜 그렇게 된 걸까, 일 테니."

산달폰이 죽게 된 경위는 간단하다. 당시에 천사와 헌터들은 몬스터와 정면으로 치고받고 있었다. 그런데 미카엘라의 주도로 신성지 위주의 방어로 작전이 변경된다.

다만 공세를 유지하기 위해 일부 전력은 적을 휘젓는 역할로 결정됐다. 일종의 비정규전. 즉, 특수부대를 운용하기로 한 거다. 그리고 그 역할을 위해 뽑힌 게 대천사 산달폰 클랜이었다. 신성지 위주의 방어 작전에 가장 반발한 게 산달폰이었으니 당연한 결과였다. 하지만 안타깝게도 산달폰은 적지에서 작전을 벌이다 사망하고 만다.

"…말해 보거라."

메타트론은 침착을 가장하고 있었지만 목소리가 떨리는 걸 완전히 막지 못했다. 그리고 그런 그녀에게, 미카엘라는 더욱 큰 파문을 일으켰다.

"사실 산달폰은 살 수도 있었단다."

"뭐라?"

놀라 입이 벌어진 메타트론에게 미카엘라는 담담히 말한다. 아무 감정도 없는 것처럼.

"사실 내가 죽인 거나 다름없어. 산달폰이 적지에서 구원을 요청할 때 내가 무시했단다. 직접 죽이지 않았지만 그 이상의 짓을 한 거란다."

"아니다. 아니야. …미카엘라. 아무리 그래도 네가 그럴 리가."

메타트론의 얼굴은 창백해졌다. 겉으로는 험악한 사이긴 해도 미카엘라만은 믿고 있었기 때문이다. 그래서 쉽게 현실을 받아들일 수 없었다.

"미카엘라. 본녀와 약속하지 않았느냐? 산달폰을 지켜주기로… 본녀가 네게 산달폰을 부탁한다고 했었는데…."

몸을 가늘게 떠는 메타트론을 보며 미카엘라는 비웃음을 머금었다.

"이런? 아직도 날 조금은 믿어주는 것 같네? 기쁘면서도 씁쓸한 기분이구나. 하지만 당시 나는 산달폰을 용인하기 어려웠단다. 그녀는 내 신성지 위주의 방어 작전에 방해가 되는 존재였거든."

"미카엘라!"

"다 듣고 분노하렴."

바드득.

메타트론이 이를 가는 소리를 들으니 이 일은 곱게 끝나지 않을 듯했다. 그녀는 당장이라도 튀어나가 미카엘라를 베어버릴 것 같았다. 그러거나 말거나 미카엘라는 침착했다. 얄밉게도 목소리가 조금도 흐트러지지도 않았다.

"산달폰이 적지에서 올린 눈부신 전공은 내 계획에 방해였지. 그녀의 투쟁에 동조할 천사들이 나타나고 있었거든. 그래서 나는 산달폰을 배제하기로 결정했단다."

"……."

메타트론은 이제 아무 말도 하지 않았다. 차갑고 조용하게 미카엘라는 쳐다볼 뿐이었다. 그제서야 미카엘라는 살짝 입술을 깨문다.

'힘이 약해진 상태에서도 이 정도의 위압감이라니. 곧죽어도 서열 1위라 그건가.'

하지만 곧 담담하게 말을 이어간다.

"특히 산달폰은 아주 위험한 계획을 세우고 있었단다. 그 당시 가장 위험한 몬스터 중 하나인 하얀 거인이 서울에 나타났었거든. 따르는 몬스터만 해도 엄청나게 많은, 몬스터의 왕과 거의 비슷하지 않을까 생각되는 존재지."

메타트론은 그 하얀 거인과 실제로 겨뤄본 적이 있다. 그래서 그 하얀 거인이 왕은 아니지만 거의 준하는 강력한 존재라는 걸 알고 있었다.

"하지만 그때는 겨우 전황이 소강상태에 들어간 때였어. 우리가 신성지 위주의 방어작전에 나서자 몬스터들은 더 내려오지 못했지. 결국 그들 역시 방어선을 구축하고 있었단다. 그 하얀 거인은 그 방어선을 점검하기 위해 서울에 나타난 걸로 추정됐고. 그런데 산달폰이 그 상황을 흔들려고 했던 거지. 산달폰은 영악한 존재였어. 분명히 하얀 거인이 당하면 다시 싸움에 불이 붙을 걸 알고 있었을 거야."

"…그래서 그 아이의 구원 요청을 무시했던 거야?"

"단순히 그것 정도가 아니란다. 산달폰을 함정에 빠뜨린 것도 나야. 내가 개입하지 않았다면 산달폰이 죽음의 위기에 몰릴 일도 없었겠지."

메타트론은 더는 미카엘라의 얘기를 들어줄 수 없었다. 그 뒤에 무슨 얘기가 더 있든지 상관없었다. 지금은 검을 들 때라고, 그녀는 판단했다.

"미카엘라──!"

분신임에도 메타트론은 엄청난 박력을 뿜어내며 돌진한다. 본체인 미카엘라조차 순간 한 발 물러날 정도였다. 그건 태양처럼 고고한 대천사인 그녀의 자존심을 상하게 했다. 무표정하기 짝이 없는 미카엘라는 미간을 좁히며 메타트론의 공격을 받아냈다.

"제법이긴 하네. 하지만 분신으로의 공격은 무의미해."

"본녀 역시 이 몸으로 네년을 징치할 수 있다고 여기진 않았다."

"징치라! 건방진 말을 하는구나. 네가 서열 1위인 건 인정하지만 그 힘을 인정한다는 거지, 네 권위를 인정한다는 건 아니거든? 애초에 너는 검을 휘두르는 것 말고는 모르는 년이니까!"

미카엘라가 기합을 내지르며 자신의 지팡이를 휘둘러 메타트론을 쳐냈다.

콰아아앙!

메타트론의 작은 몸이 건물 한 구석에 쳐 박히며 자욱한 먼지를 일으킨다. 순식간에 피투성이가 된 메타트론. 하지만 그녀는 부러져 덜렁이는 자신의 팔을 보면서도 사납게 웃을 뿐이었다.

"그렇다. 본녀는 싸움질 밖에 할 줄 모른다. 그러니 지금 보여주도록 하지. 그 힘을."

"설마? 자기 신성지를 무너뜨릴 셈이야?"

"그러지 못할 건 무엇이겠느냐? 본녀는 지금껏 적을 목전에 두고 망설인 적이 없다."

"으…."

미카엘라는 입술을 깨물고 인상을 찌푸렸다.

"언제나 넌 그런 식이었지. 그리고 나는 네 그런 점을 싫어했단다."

"이제라도 말해줘서 고맙구나! 한때 네년을 소중히 생각하고 네년에게 우정을 느낀 자신을 저주한다!"

메타트론은 처절하게 웃는다. 후회와 고통으로 가득한 그 웃음은 천사가 아니라 몬스터에게서 볼 수 있는 그런 표정이었다. 메타트론은 천사와 몬스터, 양 진영의 반절씩이 만나 새롭게 탄생한 존재다. 평소에는 천사쪽 진영의 특질이 발현된다면 지금은 그 반대인 것 같았다.

"그래, 저주하고 원망하렴. 나를 미워하라고!"

미카엘라 역시 전혀 기세에서 지지 않았다. 그녀의 금빛 날개가 사방을 눈부시게 빛내는, 눈조차 뜰 수 없는 강렬한 태양광을 쏟아내기 시작했다.

대천사 미카엘라.

그녀는 태양의 현신 그 자체였다.

메타트론은 더 망설이지 않았다. 그녀의 분신이 허공에 녹아든다. 그리고 성소에서 명상에 빠져있던 그녀의 본체가 눈을 부릅떴다.

"유지아!"

일단 메타트론은 밖으로 튀어나가 유지아에게 검은 하이에나단과 함께 노량진 신성지를 빠져나가라고 했다.

"왜! 대체 무슨 일인데?"

"설명할 시간도 없다. 유지아 네 신상이 위험에 처하면 본녀의 화신이 견디지 못할 터. 부탁이다. 앞으로 본녀를 꼬맹이 취급해도 인내하겠다고 약속한다. 그러니, 제발 지금의 부탁을 들어주지 않겠나? 이 노량진에서 빠져나가다오. 이제 이 신성지는 사라질 것이다."

유지아는 묻고 싶은 게 많았지만 고개를 끄덕였다. 일반인인 자신이 할 일은 없다는 걸 그녀는 누구보다 잘 알았다. 유지아는 곧 메타트론을 상냥하게 껴안았다.

"그래, 그렇게 할게. 대신 메론이 너도 무사히 돌아와야 해?"

"하하하하!"

메타트론은 대천사 서열 1위이자 악귀처럼 싸우는 자신을 귀여운 여동생 취급하는 유지아의 태도에 웃고 말았다. 그러나 그게 싫지 않다는 생각도 들었다. 어느새 메타트론에게 유지아, 유제아 남매는 소중한 존재가 되어가고 있었다.

"그래, 약속하겠다. 그러니 지금은 유지아 네 안전만 신경 써 다오."

유지아는 고개를 끄덕이더니 원윤아를 만나겠다고 빠른 걸음으로 사라졌다. 그렇게 유지아와 작별한 메타트론은 곧장 하늘로 날아올랐다.

쿠아아앙!

그녀가 날아오르자 충격파가 일며 지면이 부서져 나간다.

"미카엘라. 오늘 일을 후회하게 해주겠다."

대천사의 본체가 움직이자, 신성지 역시 급격히 무너지기 시작한다. 신성지는 천사의 힘으로 유지되는 결계. 그러나 그 힘을 유지할 천사가 사라지자 노량진의 거대한 땅을 둘러싼 단단한 보호막이 사라진 것이었다.

그렇게 노량진 신성지는 대파란에 빠졌다.

그리고 이 순간, 몬스터의 군주들이 움직이기 시작했다.

나는 단번에 스이엘의 말뜻을 알아들었다.

"양동작전인가!"

스이엘은 고개를 끄덕인다.

"그래, 메타트론 클랜을 구성하는 둘. 메타트론과 그 화신은 동시에 쳐야하지 않겠어? 어느 한쪽이라도 살아난다면 우리 모두는 복수를 걱정하며 밤잠을 설쳐야 할 걸?"

스이엘의 대답에 몸이 파르르 떨린다. 메타트론도 노리겠다는 그건가? 하지만 더 물을 필요도 없었다. 그 순간 노량진 신성지가 무너지는 걸 알았기 때문이다.

메타트론의 감정이 전해져 온다. 그녀는 폭주하고 있었다. 고통과 증오가 생생하게 느껴진다. 무슨 일이 생긴 거냐. 나는 더 견딜 수 없었다.

"미안하지만 너희들. 도저히 봐줄 수가 없겠다."

내 말에 심상호와 강풍호가 코웃음을 친다. 반면 스이엘은 표정이 좀 심각해진다.

"하! 지금 자기 상황을 알고 있는 건가! 이보시오, 심 위원. 저 놈이 드디어 미쳤나 보군요."

"그러게 말입니다. 하하하! 누구나 처맞기 전에는 허세를 부리는 법이지요."

나를 한껏 비웃은 심상호는 한쪽 손을 들어올린다. 그리고 일부러 목소리에 힘을 줘서 외친다.

"저 놈에게 현실을 가르쳐…."

하지만 그보다 내가 빨랐다. 나는 앞으로 발돋움하며 외쳤다.

"현현하라!"

콰아아아아앙!

강력한 충격파가 발생하며 나를 둘러싼 헌터들을 모조리 밀어낸다. 그리고 내 전신을 검은 마력이 둘러싸기 시작한다. 등 뒤로는 마력으로 구성된 날개가 충격파에 길게 늘어진다. 눈앞에서 놀란 심상호의 눈동자가 커지는 게 보인다. 하지만 그가 방어에 나서기도 전에 내 주먹이 심상호의 안면을 강타했다.

출렁!

심상호의 얼굴 살이 물결친다. 그러면서 하얀 조각들이 하늘로 튀어 올랐다. 부러진 이빨들은 끈적한 피를 길게 이어붙이고 허공에 혈선을 그리고 있었다. 다음 순간 심상호는 벽으로 날아가 처 박혔다.

콰아아아앙!

이 갑작스러운 일격에 주변의 모두가 굳어버린다. 다들 얼이 빠진 것 같았다. 하지만 노련한 강풍호가 가장 먼저 정신을 차린다.

"뭐하고 있어! 적은 하나다! 공격해!"

그러면서 자신이 가장 먼저 돌진해 온다. 하지만 그의 일격은 태양신격의 방패에 튕겨나가 도로 자신에게 향했다. 강풍호는 그걸 노련하게 막아냈으나 곧장 이어진 내 주먹에 복부를 내주고 말았다.

퍼어엉!

공기가 터지는 것 같은 소리가 나며 내 주먹이 강풍호의 복부에 작렬한다. 순간 그의 몸을 중심으로 충격파가 사방으로 퍼지며 강풍호의 옷이 터질 것처럼 부풀다 결국 갈기갈기 찢어진다.

"크으으윽!"

강풍호는 새하얀 안구를 드러내며 벌린 입에서 힘을 질질 흘리고 있었다. 나는 그런 그에게 소리쳤다.

"무례한 짓을 했으면 사과해라!"

그리고 곧장 그의 머리채를 잡아서 땅에 쳐 박았다.

콰아앙!

바닥의 콘크리트가 거미줄 모양으로 깨져나간다. 이미 주변의 헌터들은 기세를 잃어버렸다. 고위 헌터 둘이 순식간에 당해버렸으니 싸울 마음이 사라져버렸겠지. 마치 어린 아이 팔을 꺾는 것처럼 쉬웠다.

"네놈들이 덤비겠다면 피하지 않겠다!"

내가 주먹 쥔 두 팔을 넓게 펴고 소리치자 가뜩이나 기가 죽었던 헌터들은 완전히 눌려버렸다. 그 순간 시스템 메시지가 눈앞에 떠올랐다.

압도적인 **카리스마**가 폭발하고 있습니다! 적은 공포에 질려 어쩔 바를 모릅니다! 이제 당신은 적에게 더욱 두렵게 보입니다.

카리스마 +100

왜 이런 일이 일어났는지는 모르겠지만 적의 마음이 눌리자 보너스를 받는 듯했다. 이대로라면 이곳에 모인 백여 명의 헌터를 무찌르는 것도 어렵지 않아 보였다.

"이렇게 강할 줄이야."

스이엘은 질렸다는 태도였다. 그녀는 몰랐지만 나는 레벨이 몇 계단이나 뛰어올랐다. 이전의 강함을 생각해 대비한 모양인데 어림도 없는 일이다.

"스이엘. 이대로라면 여긴 피바다가 될 겁니다."

"……."

"한 번 기회를 드리죠. 모두를 물리십시오."

"하지만…."

스이엘은 망설였다. 그렇겠지. 그녀는 나를 쓰러뜨리는 것과 별개로 양동작전을 위해 내 발을 묶어 놓는 임무도 갖고 있다. 이대로 보낼 순 없다고 생각이 들었겠지.

"기어코 피를 보시겠습니까?"

내 말에 스이엘이 갑자기 웃음을 흘린다.

"피 정도면 싼 대가지. 호호호."

그런데 그때 갑자기 이상이 느껴졌다.

"이런!"

마음속에 갑자기 충격이 파문처럼 퍼져나간다.

이건!

이럴 수가!

메타트론의 신변에 이상이 생긴 게 틀림없었다.

"호?"

스이엘도 그걸 느낀 듯 빙그레 웃는다.

"저쪽은 끝났나 보네. 좋아, 네 말대로 이대로 비켜날게. 어차피 이제 네가 할 수 있는 건 없을 테니."

나는 이대로 망설이고 있을 틈이 없었다. 즉각 건물 밖으로 튀어나갔다. 몇몇 헌터들이 막아서려 했으나 스이엘이 제지했다. 스이엘에게 어차피 이제 나는 별 볼일 없는 존재였다. 한데 그곳을 벗어나고 나서 수십 초. 심한 무력감이 나를 사로잡는다. 그리고 곧 현현 상태가 풀려버렸다.

"이런 씨발!"

입에서 욕설이 절로 나왔다. 현현이 강제로 풀렸다는 건… 메타트론에게 문제가 생겼다는 소리다. 그녀의 존재감은 미카엘라의 신성지 쪽에서 느껴졌다. 그쪽으로 달려가면서 온갖 생각이 다 들었다.

메타트론과 미카엘라가 한 판 붙었던 걸까? 결국 메타트론이 당한 거고? 원래라면 메타트론이 더 강하긴 하지만 그녀는 왕과 싸우다 입은 상처를 아직 회복 못했다. 반면 미카엘라는 긴 시간 차곡차곡 힘을 모아왔다.

게다가 전투지가 미카엘라의 신성지면 함정도 생각해 볼 수 있다. 만약 미카엘라가 메타트론을 제대로 도발했다면 메타트론은 성격상 앞뒤 안 보고 달려들었겠지. 그래도 보통은 메타트론의 위력에 계략이고 함정이고 모두 파훼되겠지만, 미카엘라라면 다른 얘기다.

"젠장, 젠장, 젠장."

달려가면서 분을 참을 수 없었다.

절대 용서할 수 없어. 하나 그런 분노와 함께 내 행동이 어리석단 생각도 들었다. 이대로 미카엘라에게 가서 부딪친다는 게 얼마나 멍청한 행동인지 알기 때문이다.

미카엘라는 그 무서운 대군주급 몬스터도 이길 정도의 권능을 가졌다. 현현이 풀린 지금의 나는 장비 좋은 고위 헌터 정도의 위력. 그야말로 태양 앞에 등불 정도 밖에 안 된다. 하지만 피할 수 없는, 피해선 안 되는 싸움도 있는 법이다. 나는 메타트론의 화신이다. 그녀를 위해서면 희망 한 조각 떨어져 있지 않은 길조차 달려가야 한다.

"이런."

미카엘라의 신성지로 들어가니까 이미 미카엘라 클랜의 헌터들이 날 마중 나와 있었다.

안 좋다.

정말 안 좋아.

지금 이대로 미카엘라와 싸워도 승산이 거의 없다. 그런데 휘하의 녀석들도 쓰러뜨려야 하다니. 보니까 섬광 박한철과 음속 오나윤 같은 이름난 고위 헌터가 보인다. 그리고 나와 안면이 있는 광염 김한수까지.

단순히 고위 헌터란 말로 표현할 수 없는 우리나라에서 날고 기는 자들이다. 내 공격 한 방에 뻗은 심상호 같은 자와는 차원을 달리하는 부류였다. 그래도 도망칠 생각은 없었다. 나는 곧장 앞으로 걸어나갔다. 광염 김한수가 그런 날 보더니 한숨을 내쉰다.

"이렇게 만나게 되어 유감이군."

"저야말로 심히 유감입니다만…."

"섣불리 자네 심경 이해한다는 말은 안 하겠네. 그냥 이대로 물러나면 안 되나? 이건 아무 의미도 없는 싸움이야. 자네는 미카엘라님을 이길 수 없어."

"승리만이 의미가 아닙니다."

내 단호한 태도에 광염 김한수가 고개를 절레절레 젓는다. 나는 재빨리 머릿속으로 작전을 구상했다. 기습을 해 적을 혼란에 빠뜨리고 그대로 강행 돌파하는 게 좋겠다.

이들을 다 상대하긴 무리다. 만약 미카엘라에게까지 닿을 수 있다면, 미카엘라도 체면이 있으니 나를 일 대 일로 상대하겠지. 그렇게 결정하고 막 움직이려는 때 광염 김한수가 옆으로 비켜났다.

"지나가게."

"음?"

"이해가 안 되겠지. 하지만 미카엘라님께서 미리 말씀하셨네. 메타트론의 화신이 어떻게든 통과하려 한다면 보내라고 말일세. 그러니 지나가게."

미카엘라가 무슨 변덕을 부린 건지 모르겠지만 내겐 잘 된 일이었다.

나는 주저 없이 앞으로 나아갔다.

"여러 가지로 미안하네."

스쳐지나갈 때 광염 김한수가 그리 말했지만 나는 대꾸할 말이 없었다. 그저 앞으로 달려갈 뿐이었다. 그리고 도착한 곳은 폐건물만 가득한 장소였다.

아니, 멀쩡했지만 전투 때문에 다 무너져 내린 거겠지. 나는 메타트론과 미카엘라가 벌였던 싸움의 흔적을 더듬어 갔다. 그리고 무너진 건물터 가운데서 태양처럼 고고하게 서 있는 미카엘라를 발견했다. 그녀의 뒤쪽에는 처음 보는 헌터가 한 명 있었는데 누군지 신경 쓸 겨를이 없었다. 미카엘라의 발치에 죽은 것처럼 조용히 잠들어 있는 메타트론을 발견했기 때문이다. 쓰러진 그녀를 본 순간 심장이 내려앉는 기분이었다. 예상은 하고 왔지만 막상 이런 모습을 보자 정신이 하나도 없었다.

"메타트론!"

곧장 그녀에게 달려가려는데 쿵! 하는 소리와 함께 미카엘라의 지팡이가 날 막는다.

태양을 형상화한 그녀의 황금 지팡이.

S+등급 물건으로 헌터와 인간 진영에서 가장 강력한 마법 물품 중의 하나이다. 그것뿐만이 아니다. 커다란 붉은 보석이 박힌 그녀의 아름다운 펜던트 역시 S+등급 마법 물품. 그리고 황금처럼 반짝이는 그녀의 갑주 역시 유명한 S+등급 마법 물품. 가뜩이나 강한 대천사가 장비까지 초호화판이다.

"빌어먹을."

나는 미카엘라의 손목을 보고는 인상을 찌푸렸다. 그녀의 손목에는 메타트론이 늘 차고 다니는 팔찌가 있었기 때문이다. 검은 가죽줄에 사슬과 백금 장식이 달린 물건으로, 메타트론이 소중히 여기는 것이었다.

"이것?"

미카엘라는 내 시선을 눈치채고 손을 들어 보인다. 여전히 그녀는 무표정하기 짝이 없다. 땅에 쓰러져있는 메타트론을 보고도 아무런 양심의 가책도 느끼지 못하는 듯. 그녀는 곧 내게 묻는다.

"이 팔찌의 내력을 알고 있니?"

고개를 흔들자 미카엘라가 차가운 목소리로 설명한다.

"메타트론에겐 값을 매길 수 없는 것이지. 죽은 산달폰이 남긴 유품이니까."

그 얘기를 듣는 순간 내 눈에서 불똥이 튀었다.

"미카엘라아!"

있는 힘껏 태양신격의 방패를 내던졌다. 죽을 힘을 다한 일격이었다. 맹렬히 회전하며 날아간 태양신격의 방패는 미카엘라의 가슴팍에 명중했다. 태양신격의 방패는 그대로 달라붙은 채 마치 격렬한 모터가 도는 것처럼 회전한다. 그러다 갑자기 위로 튀어 올라 미카엘라의 턱을 강타했다.

카아아앙!

마력의 불꽃이 튀기며 미카엘라의 목이 뒤로 넘어간다.

한 방 먹인 건가?

내가 섣부르게 희망을 찾는 그 순간, 뒤로 젖혀졌던 미카엘라의 고개가 원래대로 돌아온다. 그리고 그녀는 입가에 묻은 피를 손수건으로 차분히 닦았다.

그것뿐이었다.

미카엘라는 여전히 감정이 느껴지지 않는 말투로 입을 열었다.

"이것은 내가 했던 도둑질에 대한 사죄란다."

"아……."

압도적인 힘의 차이였다. 하지만 나는 투쟁심을 꺾지 않았다. 꼭 이기지 못해도 좋다. 한 방 먹여줄 수만 있다면!

"도전적인 눈빛이구나. 그래, 너는 처음 본 순간에도 그랬지."

미카엘라는 손등으로 자신의 길고 아름다운 머리칼을 넘긴다.

"유제아. 이름을 부를 가치 있는 자여. 내가 어떻게 메타트론을 유인한 줄 아니?"

"어떻게 했는데?"

"산달폰의 죽음에 대해 알려준다고 했다. 그러니 앞뒤 안 보고 날아오더군. 쯧! 어리석긴…."

"그녀를 모욕하지 마라! 동생에 대한 사랑이 그런 비웃음을 당하는 건 용서할 수 없다!"

그 말에 미카엘라가 처음으로 작게 웃었다.

잔인한 미소였다.

"가족이라. 네가 천사에 대해, 아니 천사를 참칭한 우리에 대해 무엇을 아느냐? 그리고 천사와 인간의 관계에 대해 무엇을 아느냐?"

"뭐?"

그 부분에 대해서 나는 당장 답을 찾을 수 없었다. 생각해 보지 못한 주제였기 때문이다. 미카엘라도 내가 적당한 대답을 고르지 못하자 주제를 바꾼다.

"무의미하지 않느냐? 이런 싸움."

그녀는 탁한 눈동자로 내게 묻는다.

"지금이라도 그녀를 버리고 도망간다면 쫓지 않겠다."

"거절한다."

뭐라 하던 간에 싸움을 피할 생각은 없다. 나는 사형 판결을 이미 받아들였다.

"너무 어렵게 생각할 거 없단다. 네 일신을 위해 양심을 팔거라. 그건 분명히 상처로 남겠지만, 시간이 지나면 목숨의 대가로 한없이 싼 거란 걸 알 수 있을 것이다. 그리고 네 마음의 상처는 금방 무뎌질 거란다."

이번에도 내 답은 명확했다.

"거절한다."

"이길 수 없는데 싸우겠다는 것이니? 유제아."

"승리가 보이지 않는다고 하더라도 상관없어! 이 싸움이 옳다고 믿는다면 네게 등을 보일 이유는 없다! 미카엘라!"

나는 그걸로 그치지 않고 옛 친우를 배반한 미카엘라를 비난했다.

"메타트론도 너만은 믿고 있었다. 비록 지금은 틀어졌지만 언젠가 다시 화해할 수 있을 거라고 했단 말이다! 그런데 네놈은 이딴 짓을!"

나는 그녀가 일전에 내게 했던 말을 떠올리며 분노했다. 그때 메타트론이 미카엘라에게 품었던 감정은 애잔함과 그리움이었다.

"메타트론은 분명히 너를 그리워하고 있었다! 그 서투르기 짝이 없는 마음과 어리숙한 소박함을 품고 언젠가 옛 친구를 되찾길 소망하고 있었단 말이다! 그런데 그 순수한 마음에 대한 대가가 이건가! 이러고도 네가 대천사라 불릴 수 있는 건가! 태양의 대천사라는, 그런 위대한 지위에 앉아서 고작 이딴 비열함 밖에 보여줄 수 없는 것이냐고!"

내·날선 분노가 폐건물만 보이는 황량한 공터에서 쩌렁쩌렁 울려

퍼진다. 나는 절대 이 녀석만은 용서할 수 없어. 내 팔다리가 모두 뽑혀도 상관없다. 친구에게 이딴 짓밖에 못하는 놈이라면 반드시 한 방 먹여줘야 한다.

"미카엘라! 대답해!"

내 외침에 미카엘라는 처음으로 고통스러운 표정이 되었다. 무시무시한 감정의 소용돌이가 그녀의 기려한 얼굴 위에서 폭풍처럼 몰아친다. 후회와 고통이 이 위대한 존재를 당장이라도 무너뜨릴 것 같았다. 하지만 금세 모든 게 원래대로 돌아간다. 그리고 그녀는 다시 무표정해졌다. 마치 태풍 후의 고요를 연상시키는 무표정이었다.

"우정? 그런 쓸모없는 추억 같은 것. 잊어버리면 어른이 되는 거 아니었니?"

"뭐?"

왜 갑자기 어른이란 말을 쓰나 했더니 곧 이 천사들이 태어난지 그리 오래되지 않은 존재란 걸 깨달았다.

"우정이라…. 친구와의 우정 같은 건 있으나마나 한 거란다. 다들 약속이니 신의니 하는 것들을 땅바닥의 쓰레기만도 못하게 보는 녀석들이 한 가득이지. 나는 메타트론이 날 떠난 이후 그런 일들을 겪어 왔단다."

그녀의 말에서 내가 헤아릴 수 없는 무언가가 느껴졌다.

"그런 자들은 다들 자기 이름조차 부끄러워하지. 나 역시 다르지 않단다. 내 행동이 정당하다고 하지 않겠다. 결코 고개를 떳떳이 들지도 않겠다. 하지만… 그럼에도, 이 가슴에 품은 뜻을 위해 누군가를 짓밟을 의지나 결의는 남아있단다."

가슴 속에서 불길이 끓어오른다. 아무리 현격한 힘의 차이도 내 발을 무디게 만들지 못할 것이다.

나는 분노한다.

이 변절한 천사 앞에서.

"그렇다면 타천사는 메타트론이 아니라 바로 너다!"

"그래, 그럴지도 모르겠구나."

순순히 인정하던 그녀는 곧 햇살처럼 찬란하게 웃는다. 한낮의 정오 같은 그 미소는 어떤 것보다 잔인해 보였다.

"미안하구나. 메타트론 클랜이 부서지고 꺾어진 곳 너머에 내 희망이 있단다. 부디 눈물을 흘려다오. 나는 그 눈물을 밟고 가겠다."

"미카엘라-!!!!"

태양신격의 방패가 진동한다. 그리고 방패에서 백열이 타오르기 시작한다.

전심전력全心全力.

나는 내가 가진 모든 힘을 끌어냈다. 미카엘라를 꺾고 메타트론을 구해야 한다.

"크아아아아!"

빛나는 방패를 앞으로 내밀고 달려 나간다. 그러자 미카엘라가 수많은 빛살을 지팡이에서 쏘아낸다. 마치 비가 내릴 때 하늘을 올려다 본 것처럼 무수히 많은 빛의 빗방울이 내게 쏟아진다.

캉! 캉! 캉! 카앙! 캉! 캉!

빛이 방패에 부딪치며 요란한 소리를 낸다.

핏!

일부는 방패로 가리지 못한 다리나 팔을 관통하며 피를 허공에 뿌린다. 그리고 그 빛무리 중 유난히 큰 걸 발견했다. 본능적으로 옆으로 피했지만 그만 늦고 말았다. 그건 폭발성을 가진 빛이었다.

콰아아앙!

폭음이 터지며 나는 옆으로 데굴데굴 굴렀다. 하지만 그 반동 그대로 일어나 사선으로 달렸다. 정면 돌격으로는 미카엘라에게 접근하기 어려우니 나선형으로 조여들어갈 심산이었다.

"포기하라!"

미카엘라는 지팡이를 틀어 내 움직임을 쫓아 빛무리를 쏘아낸다. 지금 나는 맹렬하게 쏘아지는 대공포를 피해 수면 위에서 기동하는 뇌격기* 같은 모습이었다. 그렇게 달리다 마침내 빛무리에게 따라잡힌 그 순간, 나는 허공으로 뛰어올랐다. 그리고 곧장 미카엘라에게 쏘아지는 것처럼 내리꽂혔다.

"어림없다!"

미카엘라의 지팡이가 더욱 찬란하게 빛나더니 곧장 나를 쳐낸다.

카아앙!

충돌음과 함께 터져 나오는 마력의 파편이 마치 불꽃놀이의 폭발처럼 사방으로 튄다. 그리고 그 순간 나는 미카엘라의 시야 사각으로 움직이고 있었다. 나를 방패와 함께 쳐냈다고 생각한 미카엘라는 배후를 잡혔다는 걸 뒤늦게 깨닫는다.

"이런!"

---

* 폭격기의 일종으로 어뢰로 적의 선박을 공격한다. Torpedo Bomber.

"늦었다!"

나는 있는 힘껏 미카엘라를 걷어찼다.

퍼억!

둔탁한 소리와 함께 미카엘라가 공중으로 떠오른다. 나 역시 지면을 박차고 위로 튀어 올랐다. 그리고 왼손을 땅바닥에 구르고 있는 태양신격의 방패 쪽으로 내밀었다.

휘이이익!

그러자 방패가 맹렬히 회전하며 순식간에 내 손으로 되돌아온다. 이때 이미 나는 미카엘라보다 더 높이 떠있었다. 내 아래쪽에 떠있는 미카엘라의 눈동자가 나를 향한다.

감정이 깃들지 않은 것 같은 탁한 눈동자. 나는 그녀가 무슨 생각을 하는지 알 수 없었다. 그저 태양신격의 방패를 아래로 내밀었다. 곧 방패에서 백열이 타오른다.

"추락하라! 검은 태양! 네 죄의 무게만큼!"

응집된 그 힘은 곧장 아래쪽으로 방출됐다.

번쩍!

빛이 작열하고 미카엘라가 비명을 지르고 지면으로 포탄처럼 처박혔다.

콰아아아앙!

그 충격파 덕에 나의 몸은 허공 더 높은 곳으로 솟아올랐다. 그렇기에 아래쪽의 먼지의 구름 속에 사라진 미카엘라의 모습을 제대로 파악할 수 없었다.

한 방 먹인 건가?

그런 생각을 하는 순간 먼지 구름이 찢어지는 것처럼 사라진다. 그리고 미카엘라가 모습을 드러낸다. 그 모습을 보고 나는 헛웃음을 터뜨릴 수밖에 없었다. 그녀의 황금빛 찬란한 날개가 평소보다 몇 배는 커져있었기 때문이었다.

빌어먹을.

이제껏 힘을 제대로 개방하지 않고 있었던 것인가. 그래도 미카엘라의 얼굴에는 선혈이 한 줄기 흐르고 있었다.

“하하핫!”

그 모습에 나도 모르게 웃음이 터졌다. 한 방 먹였으니 만족하기로 할까? 그런데 그때 미카엘라가 자신의 지팡이를 허공에 띄운다. 그리고 그건 곧 미사일 정도 되는 크기로 순식간에 커졌다.

우우우웅!

그리고는 곧장 지대공 미사일처럼 쏘아져 올라왔다. 엄청난 속도였다. 뭐라 반응할 틈도 없었다. 그저 방패로 앞을 막는 게 고작이었다.

카아아아앙!

고막을 찢는 것 같은 요란한 소음과 함께 눈앞에서 불꽃이 가득 튄다.

“크윽!”

팔이 부러진 것 같았다. 다시 한 번 공중에서 튕겨나간 나는 그대로 추락하기 시작했다. 하지만 이걸로 끝이 아니었다.

촤르릉!

발목에 묵직한 쇠사슬이 감긴 것이다. 내려다보니 미카엘라가 희

번득 웃고 있었다. 그녀의 죽어버린 안광과 삐뚤어진 미소는 끝내주게 잘 어울렸다.

"유제아!"

미카엘라는 곧장 사슬을 아래로 당겨 나를 패대기쳐졌다. 아래쪽에는 건물 잔해가 있어 이대로 떨어지면 굉장히 위험할 것 같았다.

"오! 안 돼! 안 돼! 안 돼! 크아아악!"

쿠아아앙!

자욱한 흙먼지가 인다. 마지막 순간에 겨우 힘을 써서, 튀어나온 철근에 몸이 꿰뚫리는 사태만은 피할 수 있었다.

"후우…."

절로 안도의 한숨이 나온다.

즉사만은 어떻게 피했다.

"으윽…."

갈비뼈가 몇 개 부러진 건가.

"울컥!"

곧 입에서 피가 토해져 나온다. 그것뿐 아니었다. 코에서도 피가 줄줄 흘러내리고 있었다.

빌어먹을.

차라리 즉사하는 게 편할 뻔했다는 생각을 하며 몸을 일으키던 그때, 묵직한 소리가 나더니 머리 위의 건물 잔해가 무너진다. 부서진 채 3층 정도 남아있던 건물이 그대로 내 머리 위로 쏟아져 내린다.

우르르르르!

"와! 씨발 진짜! 으아아아아아!"

콰아아아아앙!

폭탄이 터진 것 같은 소음과 함께 눈앞이 시커멓게 변한다.

"콜록! 콜록! 콜록!"

먼지가 잔뜩 일어 정신없이 기침을 해댔다. 나 정말 괜찮은 거냐? 이대로 죽는 건가 싶었는데 다행히 사지는 멀쩡했다. 운 좋게도 나는 건물 잔해가 겹쳐 ∧자 모양으로 된 틈에 들어갔던 것이다.

빌어먹을… 빌어먹을….

태양신격의 방패는 또 어디로 가버린 거야. 나는 속으로 욕을 내뱉으면서 앞으로 기어나갔다. 5미터 정도 앞에 빛이 들어오고 있었다. 그쪽으로 충분히 빠져나갈 수 있을 듯했다. 나는 굴을 파고 탈출하는 탈옥수처럼 앞으로 기어갔다. 그리고 마침내 머리부터 빠져나온 그 순간.

눈앞에 어떤 존재의 발이 보였다.

"하… 씨발…."

"욕이 절로 나오는 상황인거니?"

고개를 들어보니 미카엘라가 날 내려다보고 있었다.

"유제아, 꼴이 아주 볼만하구나."

"시끄러워. 아직 끝나지 않았어."

"변함없이 허세만은 대단하구나. 대체 네가 나를 이길 확률이 얼마나 된다고 그러는 걸까? 그러지 말고 지금이라도 자신의 기량을 깨닫는 게 어떨까? 모든 게 망가진 뒤가 아니라 바로 지금 말이야."

그 말에 나는 가볍게 웃음을 터뜨렸다.

고개를 숙인 내 얼굴에는 코피와 침 따위가 길게 늘어져 있었지만 나는 그 비참함 속에서도 웃었다.

“웃기지 말라고. 고개를 숙였다고 의지가 꺾였다고 판단해서는 안 되는 거야. 의외로 희망이란 놈을 더듬고 있을지도 모르니까.”

“호?”

“희망이란 놈은 말이야. 어디에나 있는 법이거든? 얻어맞고 쓰러진 뒤 마주하게 된 이런 땅바닥에도.”

“뭐라?”

의아해 하는 그에게 손가락으로 바닥을 가리켰다. 그곳에는 태양 신격의 방패가 구르고 있었다.

“쳇!”

당황한 미카엘라가 움직이려는 찰나 다시 한 번 태양광 폭사가 작렬했다. 미카엘라는 자신의 몸을 황금빛 날개로 감싸고 크게 물러난다.

그리고 그 순간 나는 움직였다.

이 싸움이 시작할 때부터 노려왔던 한 수를 위해.

지금까지의 모든 건 이때를 위한 포석에 지나지 않았다. 저 타락한 천사에게 한 방 먹여주고 싶다는 생각은 간절했지만, 본래의 목적은 이것이다.

“유제아!”

미카엘라가 날 부른 순간 이미 나는 쓰러진 메타트론을 품에 안고 있었다.

“어때? 제법 왕자님 흉내를 잘 낸 건가!”

“이놈!”

미카엘라의 목소리에 처음으로 노골적인 노기가 어렸다.

"처음부터 이럴 속셈이었구나!"

"그래. 진심으로 너 같은 괴물을 쓰러뜨릴 생각은 없었다고. 난 말이야. 지금 네 오뚝한 코 아래 흐르고 있는 코피 정도면 만족한다고."

"뭐라?"

지금 미카엘라는 코피를 흘리고 있었다. 날개를 말고 뒤로 뛰어 태양광 폭사를 피하긴 했어도 완전히 자신을 커버하진 못한 모양이다.

"하하하하."

기분 좋았다. 그러면서 동시에 어이가 없었다. 의표를 찌른, 나름 회심의 일격이었는데 결국 코피 정도 밖에 못 터뜨리나? 하다못해 쌍코피도 아니잖아.

"그럼, 또 보자고."

나는 마법 주머니에서 순간이동을 시켜주는 마법 물품을 꺼냈다. 그리고 주저 없이 발동했지만 미카엘라의 방해가 들어왔다.

"보낼 것 같나!"

카앙!

곧 마력의 간섭이 일어나더니 내가 쥐고 있던 순간이동 마법 물품이 폭발한다.

"크윽!"

막 순간 이동을 하려던 메타트론과 나는 뒤로 튕겨나가 뒤로 구른다.

제길. 제기랄.

그대로 도망치려고 했는데 그것조차 못하는 건가?

"나쁘지 않은 작전이었다. 내가 아니었다면 당했을 테지."

"……."

"적이지만 네 솜씨에 정말 경의를 표하고 싶구나, 유제아. 화신의 힘도 없이 이 정도까지 이 몸과 싸우다니."

쓰러진 나를 향해 걸어오는 미카엘라를 보며 이제 모든 게 끝났음을 깨달을 수 있었다.

결국 이 정도까지인가.

"메타트론, 미안해."

아직도 정신을 차리지 못하는 그녀에게 사과한 뒤 몸을 일으켰다. 시야가 빙글빙글 돈다. 그래도 기왕 마지막이라면 당당하게 서서 죽고 싶었다. 비참한 죽음은 많이 봐왔다. 하이에나들은 늘 그렇게 죽었다. 도망가다 죽어서 등 뒤에 상흔이 남곤 했다. 나까지 그러고 싶지는 않았다. 메타트론의 화신답게 최후를 맞이하고 싶었다.

"여기까지인가."

한탄을 하던 그 순간 미카엘라가 마력으로 광채를 뿌리는 지팡이를 들어올렸다.

"이걸로 끝이다!"

미카엘라가 지팡이를 휘두르는 그 순간 나는 눈을 감았다.

카아아아앙!

요란한 충돌음이 난다.

하지만.

하지만, 내 목은 떨어지지 않았다. 대신 미카엘라의 지팡이가 차가운 얼음 방벽에 의해 막혀있었다.

이 기운은?

"여기까지란 말을 하는 놈, 나는 싫어한다."

목소리가 들린 곳은 옅은 하늘빛 머리칼을 가진 미남자가 있었다. 차가운 인상에 깃털 끝이 얼어붙은 날개를 가진 멋진 천사였다.

"우리엘!"

대천사 우리엘. 노량진을 수복할 때 미카엘라와 함께 직접 참가해 준 자로, 메타트론이 믿은 두 천사 중 하나다. 메타트론은 그에 대해 평하길 차갑고 가시 돋친 말만 하는 사내긴 하나 신의 있는 자라고 했다.

콰아아앙!

우리엘이 힘을 일으키자 얼음의 방벽이 폭발했고 지팡이를 든 미카엘라는 뒤로 주욱 밀려났다.

"수상한 움직임에 대한 보고를 듣고 움직이긴 했는데 좀 늦은 것 같군."

진짜 놀랐다. 설마 우리엘이 움직일 줄이야. 우리엘 클랜은 메타트론 클랜의 우군이긴 하다. 하지만 노량진에 온 후 우리엘 본인과는 직접적인 교류가 거의 없었던지라 도움을 기대하지 않았다. 알아도 방관하지 않을까 라고만 생각했는데 설마 이렇게 나타난 줄이야.

게다가 놀라운 점은 더 있었다. 미카엘라도 이번에는 눈을 크게 뜬다.

"본체로군? 우리엘."

즉, 우리엘은 중요한 자기 신성지를 무방비 상태로 만들고 왔다는 얘기. 물론 제때 돌아가서 다시 신성지를 전개하면야 되지만, 어지간해서 그런 일을 벌이는 천사는 없다. 재물이 가득한 금고를 열어 놓고 온 거나 마찬가지니까.

"네년을 상대하려면 본체 정도가 오지 않으면 곤란하지. 미카엘라."

우리엘은 여유만만한 태도였지만 그게 허세라는 걸 난 알 수 있었다. 우리엘도 강력한 대천사긴 하지만 서열 6위. 미카엘라에겐 도저히 상대가 안 된다.

메타트론과 미카엘라.

이 서열 1위, 2위는 같은 대천사 중에서도 넘을 수 없는 거대한 벽이었다.

"죽음을 각오했단 말인가? 우리엘."

그래서인지 미카엘라는 느긋한 태도였다. 반면 우리엘이 살짝 이를 악무는 게 보인다.

"유제아. 서둘러라."

겉으로 싸우려는 척하면서 그는 뒤로 무언가를 툭 던져준다. 순간이동을 위한 마법 물품이었다. 내가 사용한 것과 비슷했는데 마력량이 더 많은 걸 보니 더욱 강화된 것 같았다. 처음 보는 걸 보니 우리엘의 천사 상점에서만 파는 건지도 모르겠다.

"우리엘님만 두고 갈 수는…."

"어리석은! 상대는 미카엘라다. 모두 도망갈 순 없어."

"그래도!"

"멍청한 놈! 지금은 메타트론을 구하는 것만 생각해라. 쓰레기야!"

거기까지 말한 우리엘은 전신의 힘을 개방한다. 그를 중심으로 눈폭풍이 일어나며 엄청난 한기가 일대를 잠식한다. 그 폭풍의 한 가운데 미카엘라는 금빛 머리칼을 사방으로 흩날리며 걸어오고 있었다.

"처음부터 총력전을 펼칠 생각이다. 내가 궁극기를 쓰면 그 틈에 메타트론과 사라져라."

나는 우리엘에게 뭐라 말을 해야 할지 몰랐다. 그의 희생에 대해 무슨 말로 경의와 감사를 표해야 할지 알 수 없었기 때문이었다. 그래서 겨우 한 마디만 간신히 내뱉을 수 있었다.

"무슨 일이 있어도 메타트론을 지키겠습니다."

내 말에 우리엘이 돌아본다. 늘 까칠하고 차갑기만 한 대천사가 나를 보고 처음으로 작게 웃어준다.

"그래. 그거면 됐다."

그리고 그는 죽음을 각오하고 앞으로 나선다.

"미카엘라! 내 궁극의 힘을 보여주겠다."

"흥! 기대조차 되지 않는다. 마음대로 해 보거라. 서열 2위의 힘을 느끼게 해주지. 아니, 앞으로 서열 1위겠군. 그래! 그리고 이 노량진은 나의 것이다."

"미카엘라! 너는 미쳤어!"

우리엘의 주위로 엄청난 마력이 몰려든다. 우리엘! 이 정도로 강한 존재였나. 내가 화신 모드에 들어간 것보다도 더욱 강했다. 그런데도 미카엘라를 상대를 죽음을 각오하고 있으니, 애초에 내 싸움이 얼마나 무모했는지 새삼 느낄 수 있었다.

"받아라! 미카엘라!"

곧 우리엘의 앞에서 얼음으로 만들어진 거대한 창이 쏘아진다. 그것은 마치 레이저처럼 일직선으로 날아가 꽂힌다.

카아아아아아아앙!

그 충격파가 대단해 나는 메타트론을 껴안고 뒤로 몇 바퀴나 굴러갔다. 하지만 그 필살의 일격도 미카엘라에게 허무하게 막히고 말았다. 미카엘라는 태양을 떠올리게 하는, 빛의 방패를 만들어 그것을 막아냈던 것이다.

"제법이구나. 그런데 이게 네 전력인가, 우리엘? 솔직히 실망이다."

그 신랄한 비판에 우리엘은 웃음을 흘린다.

"크크크크크."

"뭐가 그렇게 우습지, 우리엘?"

미카엘라의 물음에 우리엘은 손가락으로 머리 위를 가리켰다.

"무슨?"

고개를 위로 들던 미카엘라는 놀랐는지 입을 작게 벌린다. 나 역시 깜짝 놀라고 말았다. 우리의 머리 위에는 거대한 얼음 덩어리가 떠있었기 때문이다.

아니, 저걸 얼음 덩어리라고 하긴 적당하지 않겠지.

저건 빙산.

빙산 그 자체였다.

"첫 번째 일격은 그저 위치를 특정하기 위한 것이었다. 진짜는 지금부터다!"

쿠아아아!

하늘 위에서 어지간한 건물보다 큰 얼음 덩어리가 떨어져 내린다. 이 초절의 일격을 유도하기 위한 우리엘의 마법진이 사방을 가득 채운다.

"태양은 떠오르면 곧 지는 법이다! 지금 이 순간이 바로 네년의 황혼이다! 그 죄악과 함께 사라져라! 미카엘라!"

그리고 우리엘의 공격이 작렬했다.

콰아아아아아아앙!

"유제아! 지금이다!"

충돌 이후 부서진 눈과 얼음 조각이 폭풍처럼 몰아치던 그때 우리엘이 외쳤다. 나는 주저 없이 마법 물품을 발동시켰다.

지이잉!

곧 작은 마법진이 나타나 순간 이동이 시작됐다. 그리고 그 순간, 사방을 안개처럼 가린 눈과 얼음 조각 사이에서 빛의 창이 날아온다.

"!"

무방비 상태다. 이건 절대로 피할 수 없다. 그렇게 생각하던 그 순간 우리엘의 몸이 날 가린다.

푸욱!

선명한 빛의 창이 그의 복부를 관통해서 내 눈 불과 몇 센티미터 앞에서 멈췄다. 하지만 나는 그런 것에 놀랄 틈이 없었다.

"우리엘님!"

내 부르짖음에 우리엘은 급기야 한쪽 무릎을 꿇고는 뒤를 돌아본다. 그는 우리를 보며 묘한 미소를 짓고 있었다. 그리고 뭔가 자부심이 느껴지는 것 같은 얼굴이었다.

"가라."

겨우 짜낸 듯한 그 한 마디가 우리엘의 마지막 음성이었다.

3. 하늘에 별이 저렇게 많은데

스이엘은 심장이 벌렁거리고 있었다. 그녀는 늑대 무리에 홀로 들어와 있는 양과 같은 기분이었다. 그도 그럴 게, 스이엘은 지금 홀로 몬스터 무리의 중심에 와 있었기 때문이다. 현재 그녀의 위치는 경복궁. 강북 몬스터의 중심으로, 대군주급 몬스터가 거주하고 있었다. 당연히 주변에는 온갖 몬스터로 바글거렸는데, 강남권이었으면 드물게 보이는 강력한 몬스터도 여기선 흔했다.

"크르르릉."

근처에 있던 두꺼비를 닮은 거대한 몬스터가 스이엘을 집어삼키고 싶다는 듯 몸을 뒤척인다. 주변은 스이엘이 보기에 완전히 지옥이었다. 그녀가 걷는 와중에도 잡혀온 천사와 헌터들이 산 채로 뜯어 먹히고 있었기 때문이다.

"살려주십시오! 끄아아아악!"

하반신이 통째로 씹히고 있던 헌터 하나가 스이엘을 발견하더니 애걸복걸한다. 스이엘은 마음이 아팠지만 그를 무시하는 수밖에 없었다. 주변에는 시체와 뼈가 가득했다. 그리고 길 옆으로는 핏줄기가 줄줄 흐르고 있었다.

-우리 애들이 좀 식탐이 강해서 말이지.

스이엘을 안내겸 호위하는 군주급 몬스터는 어깨를 으쓱였다. 주변의 몬스터들이 스이엘을 보며 군침을 삼키면서도 감히 다가오지 못하는 건 그녀의 존재 때문이었다. 이 군주급 몬스터는 드물게 인간과 비슷한 형체를 갖고 있었는데, 온 몸은 마치 금속 재질을 연상케 할 정도로 매끄러웠다. 체형은 여성이었지만 음성 자체는 중성적이었다.

이름은 다르쿠다로, 군주급 몬스터 서열 18위에 해당하는 존재였다. 다른 군주급 몬스터처럼 영토를 갖지 않고 대군주급 몬스터인 '극염의 대군주' 르카의 직속으로 일하고 있었다.

"이해해요. 저 같이 날개 달린 여자는 저 녀석들에게 닭이나 다름없겠죠."

스이엘의 신랄한 대꾸에 다르쿠다가 웃음을 터뜨렸다.

-천사들 중에도 농담을 좀 할 줄 아는 이가 있었구나. 그건 그렇고, 적지 한 가운데서도 담력이 보통이 아니네?

확실히 그 말대로였다. 스이엘은 속으로 공포를 느끼면서도 겉으로는 심드렁한 태도였다. 역시 보통 천사가 아니긴 했다. 확실히 미카엘라가 신뢰할 만하다고 할까.

"일이 잘못되면 죽기 밖에 더하겠어요?"

-글쎄, 세상엔 죽음보다 더한 고통도 얼마든지 있는 걸?

그 말은 뭔가 의미심장해서 스이엘은 다르쿠다가 그런 고통을 직접 겪어본 게 아닐까 싶었다.

"그렇다면 제가 운이 좋길 바라야겠군요. 최악의 경우에는 목이 날아가는 정도로 끝나길."

-후후후, 부디 그러길 빌게.

"그거 역시 악담이죠?"

둘이 그런 잡담을 하는 사이 근정전에 도착했다. 과거 조선의 신하들이 왕을 배알하던 이곳은 수많은 몬스터들과 그들을 내려다보는 군주급 몬스터들로 가득 차 있었다. 그리고 그 가운데, 서울을 쌍두정치로 다스리는 두 대군주급 몬스터, 카르페와 르카가 보였다.

과거 근정전이 있던 자리는 폭삭 무너진 상태다. 그리고 그 건물의 잔해 위에는 무수한 인골이 깔려있었다. 거대한 덩치의 두 대군주급 몬스터는 그 인골더미를 방석처럼 깔고 앉은 상태였다.

'저들이 강북의 주인이구나.'

스이엘은 재빨리 카르페와 르카를 살폈다. 하지만 그 시선은 르카에게 더 오래 머물렀다.

극염의 대군주 르카.

그가 인간과 천사들에게 훨씬 커다란 악몽을 뿌리고 있었기 때문이었다. 과거 몬스터 사태 때 극염의 대군주 르카를 저지하기 위해 대천사 카르미엘이 죽어야 했다. 몸도 마음도 불타고 있는 저 극악한 몬스터와 대천사의 목숨을 바꿔 겨우 남하를 저지했던 것이다.

만약 당시에 르카가 계속 남하했다면 지금의 저지선은 훨씬 밑에 있었을 게 틀림없다. 인간 중 희생자 역시 셀 수 없이 늘어났을 터이고. 그래서 헌터들은 르카가 언젠가 다시 강을 넘어 내려올 날을 두려워하고 있었다.

'그런데 미카엘라님께선 웨이브를 유도하시겠다니!'

스이엘은 미카엘라의 과감한 계획에 두려움마저 느꼈다. 만약 몬스터 웨이브가 일어난다면 필시 르카가 전군을 이끌 터. 두 대군주급 몬스터 중 보통 르카가 공격을 담당하기 때문이었다.

'어쩔 수 없지. 최대한 정보를 수집해 가자.'

스이엘은 마음을 단단히 먹고는 고개를 들어 두 거두를 살폈다. 원래대로라면 카르페는 경복궁에 거주하고 르카는 창경궁에 거주한다. 그런데 놀랍게도 둘은 원만한 사이를 유지하고 있어서 오늘처럼 서슴없이 상대의 거주지를 방문하곤 했다. 스이엘은 둘 사이를 이간질하긴 어렵겠다는 생각이 들었다.

-어서 오라, 미카엘라의 사자여.

먼저 경복궁의 주인인 카르페가 입을 열자 소란스럽던 근정전 일대가 조용해진다. 역시 대군주급의 위엄은 이런 혼란스러운 집단조차 일시에 정리할 정도로 강력했다.

"위대한 이름에 영광을. 카르페님을 뵈어요."

스이엘이 몬스터의 예법대로 인사하자 카르페는 웃음을 터뜨렸다. 스이엘은 곧 카르페의 옆에 있는 르카에게도 같은 인사를 하고선 미카엘라의 전언을 입에 담았다.

몬스터들이 웨이브를 일으켜 쳐들어오면 미카엘라가 내부에서 호응하겠다는 내용이었다. 그뿐 아니라 최근에 있었던 노량진의 내부 사정도 얘기했다.

"이처럼 미카엘라님께선 카르페님께서 노량진을 차지하는데 협력하겠으니 약속을 지켜주셨으면 하시고 있어요."

-물론이다! 크하하하! 노량진 땅을 되찾을 수 있다면 못 지킬 것도 없지.

미카엘라는 노량진을 넘겨주는 대가로 우면산, 예술의 전당, 남부터미널 일대의 서울 땅을 받길 원하고 있었다. 만약 그렇다면 천사들의 전선은 북상하게 된다. 지키기 극히 어려운 노량진 대신 기존의 전선을 늘리는 건 전술적으로 현명한 판단으로 보였다.

-그 증오스러운 메타트론이 노량진에서 쫓겨나고 미카엘라가 내부에서 협력해 준다면 노량진 땅은 되찾은 것이나 마찬가지지. 크크크크!

카르페는 호탕하게 웃어댔고 주변의 군주급 몬스터들은 그런 그의 기분을 맞추려는 듯 연신 아첨을 해댔다. 그 광경을 보며 스이엘은 남몰래 눈살을 찌푸렸다.

'이걸로 미카엘라님의 뜻대로 웨이브를 유도해냈다. 미카엘라님은 대체 뭘 원하시는 거지?'

스이엘은 어림짐작하고만 있었지만 막상 웨이브가 일어나면 미카엘라가 절대 몬스터들과 약속을 지키지 않을 거라고 여겼다. 그녀의 상관은 투쟁할 게 틀림없었다. 그러니 스이엘은 머리가 복잡했다. 피하고 싶은 몬스터 웨이브를 대체 왜 이쪽에서 유도하는지 말이다. 게다가 서열 1위 메타트론을 일부러 내쫓은 뒤에.

'알 수가 없어. 무슨 생각을 하고 계시나요? 미카엘라님.'

스이엘이 극비리에 경복궁에 다녀오고 며칠 뒤. 미카엘라는 생각지도 못한 발표를 했다. 메타트론이 노량진 신성지에서 다시 가출했다는 얘기와, 그녀의 부재가 된 땅을 모든 클랜에 분배하겠다는 얘기였다. 그러자 도둑떼처럼 노량진 땅을 탐내던 클랜이 모두 좋아서 펄쩍 뛴 건 말할 필요도 없다. 그런데 미카엘라는 여기서 한 가지 조건을 제시했다.

'노량진에 많은 헌터를 보낸 클랜일수록 넓은 땅을 주겠다.'

노량진 방위에 공언하는 만큼 땅을 분배하는 내용이었기에 모두 납득할 만한 의견이었다. 곧 각 클랜들은 경쟁적으로 헌터들을 노량진으로 파견했다. 최근 후방은 안정된 상태였기에 새로운 땅을 얻을 기회에 나서지 않을 이유가 없었다. 그 때문에 곧 노량진은 헌터들로 바글바글하게 되었다.

미카엘라는 새로 지은 자신의 성소에서 이 광경을 내려다보고 있었다. 그녀는 자신이 유도하고 만든 상황이 마음에 든 듯 멀리 있는 친우에게 속삭였다.

"…메타트론. 이게 정치란 거야,"

그녀의 옆에 있던 스이엘은 잘 구워진 쿠키를 햄스터처럼 갉아 물으며 묻는다.

"미카엘라님, 그런데 저 녀석들 말이에요."

"음?"

"곧 노량진에 몬스터 웨이브가 오는지 알고 있나요? 그것도 대군주급 몬스터가 직접 이끄는 역대 최대 규모로 말이에요. 몬스터 사태 이후 최대라고요?"

스이엘의 그 물음에 미카엘라는 가볍게 웃으며 치즈케이크를 입으로 옮긴다. 그리고 우아한 목소리로 대답한다.

"모르지. 아마 모두 죽을 거란다."

메타트론과 나는 대전에서 머물고 있었다. 그때 우리엘의 마법 물품을 쓰자 대전에 있는 안전가옥에 도착했다. 우리엘 클랜에서 관리하는 곳이었다. 우리는 우리엘 클랜의 비호 아래 일단 상황을 관망하고 있었다.

다행히 우리엘은 그날 미카엘라 클랜에게 살해당하지 않은 것 같았다. 하지만 우리엘 클랜의 천사들에게 들으니 자신의 신성지에 반쯤 유폐된 처지가 됐다고 한다.

우리엘이 그런 상황이 된 탓에 다들 표정이 어두웠다. 메타트론의 경우는 그제 의식을 되찾고 깨어났다. 그리고 그간의 얘기를 듣고 당장 뛰쳐나가겠다고 길길이 날뛰었지만, 내가 온몸으로 겨우 막을 수 있었다.

간신히 진정해서 골똘히 생각에 빠져있는 상태였다.

"메타트론, 초코우유 먹을래?"

"아니다."

우리에겐 울적함이 걷어낼 수 없는 장막처럼 답답하게 늘어서 있었다. 특히 배신감은 정말 견디기 어려웠다. 미카엘라와 스이엘은 우리에게 특별한 존재였다. 그렇기에 더 가슴이 쓰렸다. 메타트론의 경우도 내색은 안 하려고 하는 게 보였지만 미카엘라의 배신이 무척 슬픈 듯했다. 믿었던 친구니까 더 그렇겠지.

"이대로는 아무 것도 안 되는 것이다. 노량진으로 돌아가자. 우리의 땅을 되찾아야지."

분노와 우울함 같은 온갖 안 좋은 감정의 향연으로 메타트론의 인내심은 곧 바닥이 나 버렸다.

"현명하지 못한 방법이야."

"계속 그런 겁쟁이 같은 소리만 하는구나."

"너보다 이성적이라고 해줄래?"

이대로 있다가는 우리 둘이 싸울 지경이었다. 그래서 자리에서 일어날까 하는데 노크 소리가 들렸다.

똑똑.

"들어오세요."

문을 열고 들어온 건 우리엘 클랜의 천사였다. 그 천사는 우리에서 두루마리 하나를 건네줬다.

"우리엘님께서 전해주라고 하신 물건입니다. 지금 드리는 이유는 두 분께서 차분해 지실 때 전하라 하셨기 때문입니다. 죄송합니다."

그 말만 남기고 나가버린 천사. 나는 즉시 두루마리를 개봉해 내용을 살폈다.

"허? 이건."

두루마리의 내용은 생각지도 못한 것이었다. 그건 대부분 실종 처리된, 대천사 산달폰 클랜의 헌터들에 대한 내용이었다.

"이럴 수가…."

내 반응이 심상치 않자 메타트론도 관심을 갖는다.

"그대여? 무슨 내용인데 그러느냐."

메타트론은 내 옆에 바짝 붙어서 두루마리를 살핀다.

"허……."

두루마리를 살펴보던 메타트론은 얼마나 놀랐는지 들고 있던 초코우유도 바닥에 떨어뜨릴 정도였다.

그도 그럴 게.

두루마리에는 대부분 실종 처리된 산달폰 클랜의 헌터들이 현재까지 생존해 있으며, 그들은 강원도의 모처에 숨어서 산달폰을 기다리고 있다는 내용이었다. 같이 적혀있는 우리엘의 조언은, 메타트론이라면 그들을 움직일 수 있으니 자신의 세력으로 흡수하라고 했다.

"메타트론. 이들을 얻을 수 있으면 우리는 계속 싸울 수 있어. 사실 우리 클랜이 너랑 나 단둘인 게 제일 문제였잖아."

사실 클랜원을 더 늘려야 하는데 그게 쉽지 않았다. 워낙 바쁘기도 했고 메타트론이 외부인에 대한 경계심이 너무 강했던 거다. 몇 번 시도를 해봤는데 메타트론이 맘에 안 들어 해서 여태 둘만 지냈다. 하지만 여동생이 남긴 유산이라면 거부감이 덜할 터.

"어때?"

내가 다시 묻자 과연 메타트론도 고개를 끄덕였다.

"산달폰 클랜의 헌터들이라면 나도 얼굴을 아는 이가 여럿이다.

그들을 휘하에 둘 수 있다면 본녀도 기쁘겠구나."

아끼던 여동생을 따르던 자들이라 그런지 메타트론은 드물게 인자한 미소를 짓는다. 그녀는 마음이 급한 듯 곧 자리를 박차고 일어난다.

"유제아. 당장 움직이자."

"그래. 이제야 좀 볼만한 얼굴이 됐군. 방금 전까지 완전히 상한 식품처럼 썩어가고 있더니."

"뭐! 지금 그게 꽃다운 소녀에게 할 말이더냐!"

"네네."

건성으로 대답하고 손바닥으로 그녀의 머리를 헤집자 메타트론이 발끈해서 내 복부를 때린다.

"치워라! 머리 쓰다듬어 주면 본녀가 설렐 줄 아느냐! 하여간 사내놈들은! 헤어스타일이 망가져서 오히려 귀찮다니까!"

쓰다듬기보다는 헤집은 건데 뭐 귀찮으니까 대충 넘어가자. 그것보다 그녀가 기운을 차린 것 같아서 다행이었다.

"자자, 초코우유나 한 잔 빨고 출동하자고."

"좋다!"

우리는 빨대를 꽂은 초코우유를 나란히 마시면서 주먹을 서로 부딪쳤다.

한 번 당했지만.

이제 미카엘라에게 반격할 때였다.

"도저히 찾을 수가 없구나."

탄식에 가까운 말이 내 입에서 흘러나왔다. 옆에서 메타트론은 질려버린 표정으로 말이 없어진지 한참이다. 의욕 넘치게 산달폰 클랜을 찾아 나선 건 좋았는데 문제는 수색 범위가 강원도 전체라는 것.

"우리엘 이 자식. 어찌 이렇게 일을 대강 처리한단 말이냐. 좀 자세한 정보를 제시하면 덧난단 말인가."

메타트론은 날다 지쳤는지 소나무 밑에서 쭈그리고 앉아서 나뭇가지로 근처의 개미집을 들쑤시고 있었다. 역시 이 넓은 강원도에서, 진작 실종 처리될 정도로 숨어버린 클랜을 찾는 건 쉽지 않은 일이었다. 현재 위치는 오대산 국립공원으로 나흘째의 수색에서 전혀 진전을 거두지 못하고 있었다. 일이 안 풀리자 메타트론은 부쩍 우울해진 상태였다. 미카엘라의 배신으로 마음에 상처를 입은 그녀다. 억지로 기운을 냈는데 상황이 이러니 다시 다운될 수밖에.

"곧 해가 질 것 같아. 텐트라도 쳐야겠어."

"알겠다. 그리 하거라."

야영 준비를 끝내고 저녁밥을 챙겨먹자 여름인데도 주변은 벌써 어두워져 있었다. 하지만 잠이 좀처럼 오지 않아 메타트론과 나는 말없이 시간을 보냈다.

주변은 풀벌레의 울음과 계곡의 물소리만 들려온다. 완전히 깊어진 산 중의 밤. 누워서 하늘을 보니 별이 무수히 많았다. 국립공원에서 보는 하늘이라 그런지 더욱 찬란하다.

"정말 아름답구나."

메타트론의 말투는 아련했다. 나는 그녀의 말에 생각나는 게 있어 물었다.

"그런데 넌 어느 별에서 온 거야? 듣자니 먼 우주에서 이곳까지 왔다며."

"그렇다. 멀고도 먼 곳이지. 사실상 다른 차원이라고 봐도 좋을 것 같구나. 지금 몬스터라 불리는 무리와 영원히 끝나지 않을 싸움을 벌이며 무수한 세월을 보냈다. 끝없이 우주를 떠돌았지. 그러다 마침내 이곳까지 닿은 것이다."

메타트론의 말에 의하면 이렇게 행성에 오래 정착한 건 처음이라고 했다.

"인간들은 우리를 어떻게 생각하는지 모르겠으나 우리는 이 행성을 마음에 들어 한다. 나뿐 아니라 다들 그랬지."

"……."

"그렇기에 이 행성을 몬스터들로부터 지키길 바란다. 그리고 기왕이면 이 긴 싸움이 여기서 끝났으면 좋겠구나. 다시 저 공허하고 어두운 우주를 하염없이 떠도는 신세가 되고 싶지는 않아. 게다가…."

누워서 하늘을 보면 메타트론은 고개를 옆으로 돌려 날 바라본다.

"여기선 어디서도 가져본 적 없던 것들이 생겼으니 말이다."

"메타트론…."

"전쟁은 가혹하고 비참한 것이다. 승자도 패자도 계속 잃어버릴 뿐이니라. 몬스터도 우리도 계속 상실의 시대만을 살아왔다. 패전했을 때는 소멸한 동료의 수를 세며 이를 갈았다. 승전했을 때는 죽인 적의 수를 세며 마음을 다잡았지."

"어느 쪽도 비참하잖아."

"그렇다. 승자도 패자도 비참한 게 전쟁이지. 게다가 이 전쟁은 어떤 위대한 이들의 다툼에 의해 일어난 부산물에 불과하다. 몬스터와 우리는 애초에 싸울 이유도, 싸워서 얻는 이득도 없다. 그저 운명에 묶여 하염없이 투쟁을 이어갈 뿐이다."

메타트론의 목소리는 잔뜩 가라앉아 있었다.

"…지친 것이다. 이제는 모든 걸 끝내고 싶구나. 비록 이야기 속의 해피엔딩처럼 이 행성에서 모두와 행복해지는 끝이 될 수는 없을지라도… 이 싸움, 이번에는 반드시 끝내겠다. 설령 이 몸이 사라지더라도 너와 네 세계만은 지켜주마. 유제아."

그녀가 겪어온 지난 삶의 무게는 감히 내가 헤아릴 수도 없는 것이었다. 그래도 무언가 그녀에게 말해주고 싶은 게 있었다.

"메타트론."

"응?"

"싸움이 끝나는 건 종막이 아니야. 제2막의 새로운 시작인 거라고. 그 세계에는 그냥 평범한 메타트론이 있을 거야."

"평범한 메타트론?"

"그래. 더는 괴물과 싸우고 일부러 차가운 태도를 취하고, 클랜원의 죽음을 가슴에 묻고 살아가는 메타트론이 아니라, 학교에도 가고, 친구들과 커피를 마시고 옷도 고르고, 좋아하는 남자와 데이트도 하는 그런 평범한 메타트론이 있을 거라고."

메타트론은 믿을 수 없다는 듯, 실감이 안 난다는 얼굴이었다.
"…정말 그런 때가 올 거라고 생각하느냐?"
"그래. 우리 둘이 함께한다면 충분히 가능하다고 생각해. 내 세계를 지켜준다고 했지? 메타트론. 정말 고마워. 대신 나도 약속할게."
살며시 그녀의 손을 잡은 뒤 새끼손가락을 걸었다.
"내가 반드시, 네가 지켜준 그 세계. 그곳에 꼭 너도 함께 있게 만들겠어."
"유제아…."
메타트론은 입술을 살짝 깨물더니 곧 눈가가 촉촉해졌다. 그리고는 고맙다는 듯 고개를 살짝 끄덕인다. 애써 의연해 보이려고 하는 그 모습에 말없이 그녀를 껴안았다. 메타트론의 작은 몸이 내 품으로 파고든다. 평소보다 더욱 왜소하고 작아진 것 같은 그녀를 안고 밤하늘을 슬쩍 올려다봤다.
하늘에 별이 저렇게 많은데….
메타트론이 살 곳은 어디에도 없었다니.
그렇다면 부디 지구가 그녀의 새로운 고향이 되었으면 좋겠다고.
그렇게 하염없이 생각했다.

"일어나거라! 이 게으름뱅이!"
다음날 아침, 침낭에서 나오기 싫어 웅크리고 있던 나는 메타트론에게 걷어차였다. 마치 등산객을 공격하는 곰과 같은 기세였다.

"뭐야. 좀 더 자자고."

"유제아, 이놈! 이놈! 해가 중천이다. 어서 움직이지 못하겠느냐!"

메타트론의 모습은 완전히 살아나 있었다. 하룻밤 만에 정상으로 돌아온 듯한 모습이었다.

"이제 좀 괜찮은 거야?"

"흥! 그런 배신자를 본녀가 언제까지 신경 쓸 것 같느냐. 바로 털어버린 것이다."

마음을 털고 일어날 계기가 있었던가? 기운을 차렸다니 나야 좋은 일이지만. 주변을 정리하고 일어나는데 지나가는 듯한 말투로 메타트론이 한 마디 한다.

"어제 뭐… 유제아 네가 그런 얘기까지 해줬는데 대천사인 내가 언제까지 풀 죽어 있을 수는 없잖느냐."

아, 그런 거였나.

"고마워. 다시 씩씩해져서."

"뭐냐, 그 웃음. 기분 나쁘니라."

새침하게 돌아서는 메타트론. 하지만 곧 씩씩하게 날개를 움직여댄다.

"오늘은 바쁜 하루가 될 것이다. 서둘러 움직이자."

"알았다고."

메타트론이 기운을 차린 덕에 이후의 수색 작업은 활기를 띄었다. 우리는 서쪽으로 멀리까지 이동했는데, 홍천군 아미산에 도착했을 때 갑작스러운 폭음을 듣게 됐다.

콰아아아아앙!

쿠아아앙!

폭음이 산자락 전체를 울리고 있었다.

"메타트론!"

"이 기운, 보통이 아니구나. 적어도 군주급 몬스터가 틀림없다."

뭔가 거창한 싸움일 벌어진 것 같았다. 아마 몬스터끼리의 다툼일지도 모르지만, 일단 가서 확인해 볼 필요가 있었다.

"좋아! 가자!"

그 말을 하자마자 메타트론이 날 잡더니 들고 날아오른다.

"우아아!"

"한두 번 겪는 일도 아니면서 유제아 네 엄살은 대체 언제 없어지는 것이냐?"

"아무리 그래도 아직 익숙해지지 않는다고!"

내 날개로 날아오르는 게 아니라 남에게 갑자기 이렇게 당하면, 마치 외계인에게 납치되는 거랑 비슷한 기분이다. 아니, 생각해 보면 천사도 외계인이랑 큰 차이 없잖아.

"역시 이건 납치라고! 생체 실험 당할 거야!"

"유제아! 아침 댓바람부터 무슨 헛소리냐! 잠이 아직 덜 깬 거지! 집중하거라!"

우리는 곧 전투의 현장에 도착할 수 있었다.

"저것 봐! 헌터들이야!"

놀랍게도 현장에서는 십여 명의 헌터들이 거대한 몬스터 하나와 겨루고 있었다. 그런데 그 헌터들의 복장이나 모습이 한 번도 본적 없는 것들이었다.

"어디 애들인지 알겠어?"

"본녀도 모르겠다."

"그렇다면?"

"그래!"

드디어 찾은 건지도 모르겠다. 실종됐다고 알려진 이후 행방이 묘연했던 산달폰 클랜의 헌터들을 말이다.

"진짜 강원도를 이 잡듯 뒤진 보람이 있네! 그런데 저 몬스터 보통이 아닌데!"

"보통이 아닌 정도가 아니니라. 군주급이군. 아는 녀석이다."

"그래?"

"군주급 서열 28위 카무돈이다. 왕에게 반역을 일으킨 뒤 도망쳐 독립 군주가 된 걸로 알고 있다. 그렇군. 강원도에서 독립 군주 노릇을 하고 있었는가. 그것보다 보라, 저 녀석의 팔을."

비비원숭이를 닮은 머리를 가진 카무돈은 네 개의 팔을 가졌는데 그 중 하나가 반절이 없었다.

메타트론은 과거에 자신이 자른 것이라고 했다.

"대단한데?"

"대단할 거 없다. 당시 더 중요한 목표가 있어 놔준 피라미일 뿐이다."

군주급 몬스터보고 피라미라고 하다니 과연 서열1위의 위엄이 느껴졌다.

"그런데 그 피라미한테 헌터들이 완전 궁지에 몰렸는데?"

고작 십여 명으로 군주급을 상대하는 건 대단했지만 전세는 좋지 않았다.

"그렇지만 애초에 저들은 군주급을 사냥하기 위해 나선 게 아닌 것 같다."

살펴보니 장비나 여타 사항들이 군주급 사냥을 나선 헌터들이 아니었다. 오히려 군주급에게 습격 받은 느낌이랄까. 반수 가까이는 방어 장비도 없는 상태였다. 대체 무슨 일이지.

"그런 것치고는 잘 싸우는군. 그래도 역시 도와줘야겠어."

메타트론도 고개를 끄덕였다. 그렇게 우리 둘이 막 나서려던 그때 갑자기 산을 쩌렁쩌렁 울리는 소리가 울린다.

"네 이노오옴!"

순간 나랑 메타트론은 놀라서 공중에서 추락할 뻔했다. 기차 화통을 삶아 먹었다는 걸로도 부족한 사자후가 터졌기 때문이었다.

"뭐, 뭐야!"

나름 베테랑 중의 베테랑인 나조차 잠시 허둥댈 정도의 고성이었다.

"저길 보거라."

메타트론이 가리킨 쪽을 보니까 거대한 덩치의 사내가 당당히 난입한 모습이었다.

"저게 사람이야, 몬스터야?"

내 입에서 그런 말이 나왔을 정도로 그 사내는 덩치가 크고 무섭게 생겼다. 일단 키는 2미터가 넘고 눈썹은 송충이처럼 시커멓고 굵다. 뭣보다 시원하게 까진 대머리인데 그나마 남은 옆머리는 잘 땋아서 옆으로 흘러내리게 했다. 그리고 애꾸라 눈 한쪽은 의안으로 채워 넣은 상태였다. 덩치가 대단했지만 근육질의 보디빌더와는 거리가 멀어보였다. 배도 나오고 팔 다리도 굵은 게 옛날 얘기에 나오는 호걸형 몸매로 보였다.

"이놈! 카무돈! 기어코 우리 애들을 습격했구나! 내 오늘 네놈을 가만두지 않겠다!"

곧 그 사내는 자신의 무기를 꺼내들었다. 놀랍게도 그건 거대한 나무 장승이었다. 천하대장군이라고 써진 그 장승을 들고 그가 돌격하자 카무돈은 사납게 포효했다. 아무래도 둘이 처음 붙어보는 게 아닌 것 같다.

숙적이란 느낌이랄까.

"쿠쿠쿡."

그런데 옆에 있던 메타트론이 갑자기 낮게 웃기에 뭔 일인가 쳐다보니 설명한다.

"아는 얼굴이다."

"그래?"

"태산 장홍억. 산달폰 클랜의 대장이나 다름 아닌 자다. 제대로 찾아오긴 한 모양이다."

메타트론은 인간을 잘 기억하지 못한다. 그녀에겐 모두 다 인상이 흐리다고 할까. 그녀 역시 크게 주의를 기울이지 못하고. 그런데 이름까지 알고 있을 정도면 정말 인상에 깊게 남은 것이었다.

"그렇구나. 그가 산달폰 클랜을 이끌고 있었구나. 저리 듬직해지다니, 예전에는 사고만 쳐서 산달폰이 골치를 싸맸었는데."

메타트론은 드물게 추억에 젖은 표정이었다. 그래도 지금 군주급

이랑 단독으로 붙고 있다고.

"도와주지 않아도 돼?"

"내버려 둬도 되느니라. 그라면 이길 수 있으니."

"뭐? 정말? 군주급이라고?"

메타트론은 말없이 고개를 끄덕였다. 그녀가 그렇다면 그런 거겠지만 나는 쉽게 그 얘기를 믿을 수 없었다. 그도 그럴 게, 헌터 중 군주급 몬스터와 정면으로 붙을 수 있는 건 염왕 임철웅 밖에 없었다. 말 그대로 헌터의 왕이라 불리는 그만이 군주급과 싸우는 게 가능하다. 그나마 그것도 승리를 장담할 수 없다. 누가 이길 수 없는 싸움이랄까. 그런데 저 태산 장흥억은 군주급 서열 28위 카무돈을 때려잡는 게 가능하다고?

"염왕보다 더 센 거 아냐?"

"그렇겠지. 유제아, 그대는 모르겠지만 선대에는 염왕보다 훨씬 강한 헌터들이 많았다. 그들 모두 자신의 영웅적 행동으로 최후를 맞긴 했지만, 천사들조차 존경심을 표할 정도로 시대의 거인들이었다. 생각해 보거라, 유제아. 그때는 몬스터 사태의 소용돌이 한가운데였다. 지금과는 환경 자체가 달랐다. 믿기 어렵겠지만, 그 시절에는 대군주급 몬스터도 군주급 몬스터도 지금보다 많았지. 불과 10년 전이지만 마치 신화와 같은 영웅의 시대였다. 염왕이 대단하긴 하지만 선대 헌터들과 비교하면 손색이 있다. 그리고 저 태산 장흥억은 그 구시대의 유물 같은 자니라."

그랬던 건가.

"그는 절대 원하지 않았겠지만, 아마 산달폰의 죽음으로 살아남을 수 있었겠지."

"흠, 그러면 일단 지켜보자고."

저런 강자의 싸움은 지켜보는 것만으로도 큰 도움이 된다.

"이놈! 가만두지 않겠다!"

장흥억의 외침과 함께 괴수대전이 시작됐다. 그는 들고 있던 천하대장군 장승으로 군주급 몬스터 카무돈을 마구잡이로 두들겨 팼다. 지켜보고 있자니 어찌나 박진감이 넘치던지.

"크아아아압!"

산을 쩌렁쩌렁 울리는 장흥억의 기합과 함께 전투는 점입가경이었다. 그리고 그의 장승 역시 피칠갑을 하고 있었다. 저 인간, 군주급 몬스터를 완전히 압도하고 있는데. 어찌 저런 괴물이 존재하는 거지. 내가 현현을 해도 이긴다고 장담을 못할 정도로 보인다.

"흥! 네놈이 날 못 당한다는 건 알고 있었다! 계속 날 피한 것도 알고 있다! 여기서 끝을 보겠다!"

후덜덜.

무서운 인간.

군주급 몬스터가 피해 다닐 정도였다니. 곧 카무돈은 몸을 돌려 도망치기 시작했다.

"이놈! 비겁하다!"

장흥억은 이대로 놓칠 수 없다는 듯 달라붙었고 곧 둘은 오대산에서 쫓고 쫓기는 경주를 시작했다.

"메타트론. 우리도 따라가자."

"알았다."

우리는 상공에서 둘을 따라갔다. 관전의 재미도 상당했기에 메타트론도 열심히 추적한다.

"저 덩치 녀석의 싸움은 예전부터 구경할 맛이 나곤 했다. 산달폰과 같이 지켜보면서 내기도 하고 그랬었지."

"그러면 지금 나랑 내기할래?"

"흠? 내기할 게 있느냐?"

"나는 장흥억이 진다는 데 걸고 싶은데."

"흠? 장흥억의 전투력을 무시하지 말거라. 카무돈 같은 놈은 상대가 아니니라."

"그래서 할 거야? 말 거야?"

"흥! 비열하게 웃는 얼굴을 보니까 뭔가 또 떠올랐나 보구나."

"지금 내 얼굴 안 보이는데 그게 무슨 말이야."

메타트론이 날 등 뒤에서 안고 비행 중이라 얼굴은 안 보인다.

"뭐, 어차피 유제아 네 얼굴이야 뻔하지 않느냐. 뭔가 건수가 잡힌 것 같다며 비틀린 웃음을 짓겠지."

"그, 그런 거였어? 난 몰랐는데."

"쿠쿠쿡."

메타트론은 가볍게 웃더니 내기 조건은 뭐가 좋겠냐고 묻는다.

"일단 딱히 생각나는 건 없네. 나중에 소원 하나 들어주기 어때?"

"야한 것만 아니면 괜찮다."

"저기, 네 몸으론 야한 게 성립이 안 된다고?"

"오, 제법 기분 나쁘게 잘 받아치는 구나?"

메타트론은 나를 떨어뜨릴 듯 위협하며 비행하기 시작한다. 농담이 아니라 당장이라도 떨어뜨릴 기세였다.

"아아아아! 그만 해!"

"그래, 본녀 같은 건 수영장에 트렁크 수영복을 입고 가도 남자인 줄 알겠지!"

아무래도 역린을 건드려 버린 것 같다. 제대로 된 변명을 안 하면 진짜 던져버릴지도 모르겠는데. 그런데 그때 내가 우려하던 상황이 터졌다.

"봐! 저길 보라고!"

"흠?"

날 잡고 흔들던 메타트론은 내가 가리킨 곳을 보고 곧 혀를 찬다.

"역시 함정이었군. 유제아, 넌 짐작하고 있었구나."

"그래, 저런 상황은 익숙하니까."

아래쪽에는 장홍억이 몬스터에게 포위되어 있었다.

내 이럴 줄 알았다.

당장 흥분해서 돌격한 본인은 이런 정황을 냉정하게 파악하기 어렵다. 위에서 차분하게 볼 때 좀 이상하더라. 게다가 나는 이런 경험에 익숙하다. 좀 다른 게 있다면 내가 유인하는 쪽이었다고 할까? 하이에나 시절에 나보다 강한 몬스터는 대체로 저렇게 처리했다.

"메타트론, 넌 이런 경험이 없던 거야? 열 내고 쫓아가 봤더니 함정이더라는."

"킁! 보통 도망가지 못하고 본녀의 검에 다 죽으니 말이다."

예예, 잘 나셨습니다.

어이가 없네. 메타트론에게 걸리면 도망갈 틈도 안 난다는 건가.

하긴 생각해 보니 이 여자 몬스터의 왕과 맞먹는 힘을 가졌지. 같은 편인 데다가 귀염둥이라 생각을 못하고 있었는데 적이라면 진짜 공포 그 자체겠네.

"이대로면 장흥억이 패하겠는데?"

함정에서 새로 나타난 몬스터들은 수가 열 마리. 그런데 문제는 그들 모두 고위 몬스터였다. 기존의 군주급 몬스터에 저들까지 끼어든 이상 장흥억에게 승산은 없었다.

"역시 이쪽도 가세해야겠구나. 산달폰의 헌터를 죽게 만들 순 없지."

우리는 곧장 하강했다.

"던져줄 테니 한 방 먹이거라."

"뭐? 뭐! 으아아앗!"

메타트론은 다짜고짜 나를 아래로 집어던졌다.

"으아아아아! 안 돼!"

어찌나 세게 집어 던졌는지 뭘 할 틈도 없었다. 내가 할 수 있는 건 그저 태양신격의 방패를 앞으로 내미는 것뿐이었다. 나는 그대로 막 장흥억을 공격하려는 고위 몬스터의 머리에 충돌했다.

퍼어억!

두개골이 깨지는 소리가 났다. 피가 튀어 올랐고 나는 그대로 튕겨나가 허공에서 빙글빙글 돌며 나가떨어졌다. 마치 교통사고 때 좌석에서 튀어나온 운전자처럼 말이다.

"크악!"

메타트론 이 녀석 진짜. 두고 보자. 이 일은 반드시 복수할 거야.

그런데 이런 사고를 겪고도 멀쩡한 내 몸이 대단하다는 생각도 들었다. 상처가 없는 건 아니었지만 재생 능력으로 곧 회복됐다. 그런데 장흥억은 갑자기 나타난 날 보고도 담담한 표정이다. 과연 거물은 거물이라 그건가. 놀랄 법도 한데 이런 상황에도 침착하다니.

"갑자기 찾아왔는데 전혀 놀라지 않으시는군요?"

"헌터에게 돌발 상황은 언제든지 찾아올 수 있는 법이지. 그것보다 자네는 누군가? 처음 보는 얼굴이군."

나는 대답 대신 손가락을 뒤로 가리켰다. 막 메타트론이 군주급 몬스터 카무돈을 공격하고 있던 때였다.

-쿠아아아아아!

커다란 비명과 함께 카무돈의 거체가 뒤로 볼품없이 쓰러진다. 메타트론의 기습적인 강습으로 카무돈의 팔 하나가 더 잘려 허공을 날아올랐다. 사람 몸통만한 거대한 팔이 곧 내 옆에 떨어졌다. 피를 흥건하게 뿌리는 그 팔은 마치 살아있는 것처럼 꿈틀거리고 있었다.

"세상에! 저 분은!"

여태 침착했던 장흥억의 눈이 커지더니 입이 벌어진다. 역시 메타트론의 출현에도 침착함을 유지하긴 어려운가 보다.

"맞습니다. 메타트론님입니다."

그때 메타트론이 카무돈의 공격을 피하며 허공으로 뛰어올라 외친다.

"유제아! 이번에 네가 던져줄 차례다!"

허공에서 빙글빙글 돌며 내 쪽으로 떨어져 내리는 메타트론. 이거, 힘 좀 써야겠구나. 나는 즉각 오른손을 옆으로 쭉 뻗었다. 그러자 그 순간 메타트론이 내 오른손에 내리 앉는다.

"크윽!"

충격에 몸이 기우뚱했지만 나는 쓰러지지 않았다. 대신 자세를 웅크리고 앞을 쏘아보고 있는 메타트론은 있는 힘껏 던졌다.

"크아아아압!"

이를 악물었다.

오른팔의 혈관이 터질 듯 부풀어 오른다.

그야말로 풀 스윙이었다.

그리고 그 순간 메타트론이 접었던 무릎을 펴며 앞으로 쏘아져 나간다.

"하아아앗!"

특유의 톤 높은 기합을 내지른 메타트론은 자신의 검을 앞으로 내밀고 마치 송곳처럼 쏘아져 나갔다. 그리고 단번에 카무돈을 스쳐지나갔다.

츠팟!

짧은 소음만이 울렸을 뿐이다.

순식간에 공격을 성공시키고 지나간 메타트론은 어느새 카무돈의 십여 미터 뒤쪽에 있었다. 그녀는 크게 검을 휘두른 자세 그대로였다.

대체 어느 틈에 베고 지나갔던 걸까?

장흥억과 나, 그리고 모든 고위 몬스터들이 침을 꿀꺽 삼키고 지켜보던 그때. 군주급 몬스터 카무돈의 원숭이 같은 머리가 툭 떨어져 나간다. 그리고 피가 분수처럼 뿜어져 나오면서 그 거구가 뒤로 쿵! 쓰러졌다.

변함없이 대단한 솜씨구나.

역시 싸움질 하나는 알아줘야 한다니까.

그 모습에 주변에 있던 고위 몬스터들은 겁에 질려 모두 달아나기 시작했다. 혼비백산했는지 산자락에서 넘어져 데굴데굴 굴러가기까지 한다. 명색이 높은 지위를 누리는 고위 몬스터임에도 말이다. 그 꼴불견 같은 모습에 딱히 추격하고 싶은 생각도 들지 않았다.

"오오! 메타트론님!"

장흥억은 감동을 한 듯 급기야 무릎을 꿇고 두 손을 얼굴 높이로 들어 올리고 흔들어댄다. 하긴 그의 입장에선 여러 가지로 감개무량하겠지. 메타트론은 산달폰의 언니기도 하지만, 장흥억과도 과거에 인연이 있었다고 하니.

"잘 지냈던 것이냐? 장흥억."

"소인의 이름을 기억해 주시다니 그저 감격할 뿐입니다."

장흥억은 눈물까지 글썽이고 있었다.

"하하하. 살다보니 그대가 우는 걸 다 보게 되는군. 안 어울리니 그치도록 하거라. 징그럽다."

"이게 대체 얼마만입니까. 메타트론님!"

"그대와 할 말이 참으로 많구나. 머무는 곳으로 안내해 줄 수 있겠느냐?"

"여부가 있겠습니까? 그런데 이 젊은이는?"

"그는 내 화신이다."

"네, 화신이군요. 네? 아니? 뭐라고 하셨습니까? 화신이라고요!"

"뭘 그리 놀라는 것이냐."

장흥억은 날 보고 입을 쩍 벌린다. 정말 놀란 것 같다. 자꾸 이런 표정을 보여주니까 처음에 엄청 침착했던 게 다 거짓말 같다.

"메타트론님께서 몇 안 되는 클랜원들에게도 별로 살갑게 대해주지 않으셨던 걸로 기억합니다. 화신을 가질 수 있다는 건 알았지만 설마 진짜 만드셨을 줄이야. 뭔가 피치 못할 사정이 있었던 것입니까?"

"그런 건 없다. 단지 그가 본녀에게 필요했을 뿐이다. 본녀가 믿고 의지하는 파트너이니 예를 다하도록 하거라."

"믿고 의지하신다고요?"

장흥억은 도저히 못 믿겠다는 표정으로 날 바라볼 뿐이었다. 나는 옆에 메타트론에게 슬쩍 물었다.

"너 과거에 무슨 이미지였던 거야?"

저 반응에 대해 설명해 보라고 콕콕 찌르자 메타트론이 난처하다는 얼굴이 된다.

"과거에 본녀가 독불장군이긴 했다. 좀 모가 난 시절이긴 했던 것이다."

나는 내가 모르는 메타트론에 대해 궁금증이 일었다. 그리고 그런 과거를 알고 있는 장흥억에게 부러움을 느꼈다.

"언제까지 세워둘 것인고? 멀리서 찾아온 손님에게 차라도 대접해야 하는 것 아니더냐?"

"이런! 곧장 안내하겠습니다!"

대답도 기차화통을 삶아 먹은 것 같다. 그는 씩씩하게 앞장서 나갔다. 이동하는 도중 내가 메타트론에게 반말을 한다는 점 때문에 장홍억이 무례하다고 길길이 날뛰어서 애를 먹었다.

산달폰 클랜이 거주하던 지하 벙커는 난리가 났다. 그들을 괴롭혀 온 독립 군주가 죽은 데다가 메타트론이 찾아왔기 때문이었다. 예전부터 메타트론 클랜과 산달폰 클랜은 하나의 클랜이나 마찬가지였다고 한다. 그러니 그들은 메타트론을 자연스럽게 받아들였다.

즉각, 장홍억을 포함한 307명의 정예 헌터들이 충성을 맹세했다. 다들 산달폰 사후에 마법은 못 썼지만, 헌터 특유의 신체 능력을 유지해왔다고 한다. 앞으로 그들은 메타트론이 내려주는 능력을 사용해 그 결점을 메우게 될 것이다.

또한 산달폰 클랜의 헌터들은 장홍억을 포함해 전대의 베테랑들이 잔뜩 포진한 게 특징이었다. 이런 자들을 흡수했으니 이제 메타트론 클랜의 입김은 무척 강해질 거다.

"그대들이 본녀의 클랜으로 들어오겠다는 뜻을 환영하는 바이다. 본녀는 여동생인 산달폰의 뜻을 이어 몬스터를 토벌하는데 최선을 다할 것이다. 그대들도 부디 전력으로 호응해 다오!"

그렇게 메타트론이 산달폰의 유지를 잇겠다고 선언하자 산달폰 클랜의 헌터들은 무척 기뻐했다.

"와아아아아! 메타트론!"

"메타트론! 메타트론!"

나는 메타트론이 모두의 환영을 받는 광경을 흐뭇하게 지켜봤다.

드디어 이제, 메타트론 클랜은 대천사 클랜다운 면모를 갖추게 된 것이다.

메타트론의 귀환과 산달폰 클랜의 새로운 출발을 기념하는 연회가 떠들썩하게 열렸다. 그리고 그 들뜬 술자리는 새벽에서야 겨우 끝났다. 늦은 시간에 배정된 숙소로 돌아온 나는 침대에 몸을 뉘었다.

"아이고, 죽겠다."

몸은 피곤했지만 기분은 무척 좋았다. 노량진을 나온 뒤로 패배감에 계속 울적했는데, 이제는 그런 느낌이 싹 날아갔다. 그래서인지 몸은 피곤했지만 쉽사리 눈이 감기지 않았다.

"음…."

그렇다고 뭐 할 것도 없고. 그러다 나는 스탯창을 살펴보기로 했다. 역시 이런 짬에 보기에 딱 좋지.

"보자."

힘 +15
지능 +15
지혜 +15
민첩성 +15
건강 +15
카리스마 +12

의지 +12

행운 +5

스킬 포인트 +10을 받았습니다.

원하는 능력에 배분하세요.

스탯 창을 살피던 나는 레벨 업에 빨간 불이 다시 들어와 있는 걸 발견했다. 와, 언제 오른 거지? 아무래도 메타트론과 독립 군주를 잡았을 때 먹은 경험치 덕인 거 같다.

잘됐군. 나는 곧장 레벨 업 버튼을 눌렀다. 그러자 화려한 빛이 터지며 레벨 업 효과가 작렬한다.

—축하합니다. 당신은 이제 S등급 히든 클래스인 메타트론의 화신 레벨5이 되었습니다.

"호?"

스탯 올라가는 게 지난 레벨들보다 많아졌다. 상승폭이 커진다는 건 반색할 일이었다.

스킬 포인트도 전보다 더 많이 주어졌다.

그러면 이 10포인트를 어떻게 쓸까? 잠시 고민하던 나는 답이 하나라는 걸 깨달았다. 그래, 이것저것 고민하지 말고 마음이 시키는 대로 하자고.

나는 곧장 포인트를 사용하기 시작했다.

철컥.

철컥.

철컥.

한 번 누를 때마다 육중한 효과음이 들려왔다. 마치 다시는 되돌릴 수 없다는 듯한 느낌이었다. 하나 내 결정에 후회도 미련도 없다.

> 지배 능력에 충분한 투자가 이뤄졌습니다.
> 새로운 능력이 개방됩니다!

게다가 옆에 있었다면 이런 폭주를 말렸을 메타트론은 잠이 쏟아져서 초저녁에 이미 꿈나라로 가버렸다. 결국 나는 이번에도 지배 능력에 스킬 포인트를 모두 사용했다.

역시 남자라면 한 우물이지.

그렇게 혼자 뿌듯해 하고 있는데 갑자기 눈앞에서 빛이 터진다.

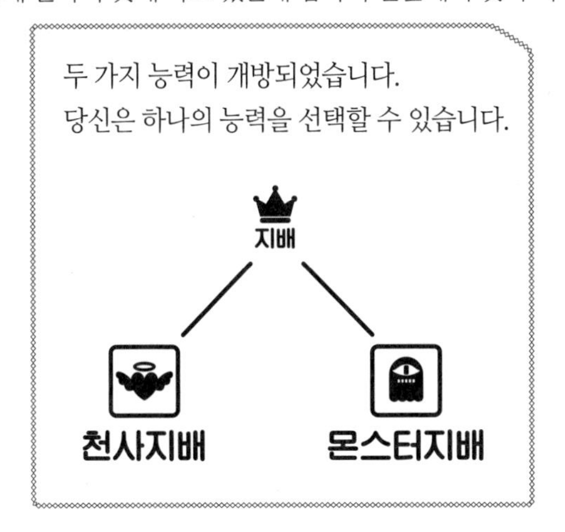

"뭐? 뭐야."

그리고 곧 새로운 시스템 메시지가 떠올랐다.

뭐? 새로운 능력이라고?

사전에 능력치 배분에 따라 테크 트리를 타듯이 새로운 능력이 생겨날 수 있다는 건 들었다. 그러니까 지금 개방되는 능력은 기존 지배 능력의 상위 테크 트리인 것이다.

향상된 지배나 강화된 지배, 이런 느낌이 아닐까?

그런데 결과는 내 예상 밖의 것이었다.

아니, 선택이라니!

생각지도 못한 스킬 트리의 분화다.

이거 어느 쪽을 선택해야 할지 모르겠구나. 원래라면 주저 없이 몬스터 지배를 택했겠지. 하지만 아군에게 뒤통수 한 번 거하게 맞고 나니까 생각이 바뀌었다. 게다가 역사를 살펴봐도 내분이나 내전이 제일 무섭지 않나. 그렇다면 천사 지배 역시 탁월한 선택이 될 터.

"어쩌지…."

나는 이 문제로 한참 고민하다 아침이 올 무렵 겨우 잠들었다. 그리고 메타트론과 상담했다.

"일단 보류하거라. 당장 선택할 필요는 없으니. 상황에 맞춰 결정하면 그만이다."

그녀의 결론이 매우 명쾌했기에 나는 그대로 하기로 했다.

4. 치킨이 식기 전에 돌아오겠소

노량진에 거대한 몬스터 웨이브가 몰아쳤다.

그 규모가 몬스터 사태 이후 최대급이었다. 참가한 군주급 몬스터만 10위位에, 몬스터의 총 수는 5만 마리가 넘어갔다.

이에 대비하는 노량진 방어측도 총력전이었다. 노량진으로 온 헌터는 5,500여 명. 천사들도 400위位가 넘었다. 그야말로 양쪽 다 노량진을 절대 양보할 수 없다는 총력전이었다.

두 진영은 타협 따위는 없다는 듯 곧장 부딪쳤고, 연일 치열한 접전 중이었다. 그렇지만 아직까지는 천사와 헌터 진영이 유리했다. 요새화된 노량진의 형태와 강력한 신성지의 효과로 5만의 몬스터들을 효과적으로 막아내고 있었다.

하지만 이 싸움이 앞으로 어찌될지는 아무도 알 수 없었다.

외눈박이의 왕 콰르강은 군주급 몬스터 서열 25위로 이번 전역에 강한 의지를 갖고 참가했다. 일개 외눈박이에서 군주급 몬스터까지

오른 입지전적인 괴물, 그는 최근 서열 다툼에서 어려움을 겪고 있었다. 그래서 이번에 전공을 세워 돌파구를 찾고 싶어 했다. 그리 기회를 보던 콰르강은 전역의 가장 중요한 작전의 선봉으로 자신이 선정됐을 때, 기뻐서 날뛰었다.

-크르르르릉! 역시 이 몸의 출세가도는 아직 막히지 않은 것 같구나!

콰르강의 말에 그를 경호하는 몬스터들이 연신 아첨을 해댔다.

-과연 콰르강님이십니다! 르카님께서도 콰르강님의 기량을 알고 계신다는 것 아니겠습니까!

르카는 극염의 대군주라 불리는 창경궁의 주인으로, 이번 몬스터 웨이브를 소집한 워로드Warlord였다. 그리고 그를 따르는 10위位의 군주급 몬스터는 르카의 용병장군이라고 볼 수 있었다. 이는 근세 유럽의 군사 편제와 무척 흡사했는데, 다른 게 있다면 금화 대신 지배력을 사용하는 점이었다.

-적이 내부에서 호응해 준다니 이건 이긴 전쟁이나 다름 없다! 크하하핫! 그리고 적의 성벽 가장 위에 올라가는 건 이 콰르강님이 될 것이고!

-감축드립니다!

그날 밤.

콰르강과 그의 부대는 과거 영본초등학교가 있던 곳으로 접근했다. 이곳은 미카엘라 휘하의 평천사 하마엘과 그녀의 클랜이 담당하는 곳이었다. 이들은 내부에서부터 호응해 콰르강의 부대를 안으로 들여보내주기로 돼있다.

-외눈박이의 왕이시여, 준비가 다 끝났습니다.

부하의 말에 콰르강은 커다란 외눈을 지그시 감고 있다고, 곧 고개를 끄덕였다.

-좋다. 도강 장비는 충분한가?

-부족하긴 하지만 부대에 외눈박이가 많으니 어려움이 없습니다. 외눈박이들이 모두를 지고 나르면 충분할 것입니다.

-하긴 그렇지.

지금 그들이 도강하려는 곳은 해자의 깊이가 특별히 얕은 부분이었다. 게다가 외눈박이의 왕 휘하의 몬스터들은 커다란 키를 가진 외눈박이들이 많다. 그들이라면 별다른 장비 없이 걸어서 도강하는 게 가능했다. 그래서 콰르강이 이번 임무에 다른 열렬한 전쟁광들을 재치고 뽑힌 것이었다. 남은 문제는 성벽인데 그것 역시 사전에 협의된 상태였다. 신호를 보내면 폭발과 함께 성벽이 무너질 예정이었다. 그때 해자가 흙으로 메워지면 도강 역시 더 쉬워질 거라고 콰르강은 기대했다.

-좋다. 전군 출진하겠다. 신호를 보내라!

-알겠습니다!

신호를 보내자 고요하던 성벽 위가 부산스러워지기 시작한다. 그리고 얼마가 지났을까? 갑작스레 대폭발이 일어났다. 그리고 굳건한 성벽 일부가 우르르 무너져 내렸다.

쿠아아아아앙!

거대한 화염이 하늘로 피어오르더니 곧 화끈한 열풍이 몬스터들이 있는 곳까지 몰아친다. 콰르강은 이때를 기다렸다는 듯 몸을 일으키더니 외친다.

-돌격하라! 모두 함께 천사와 인간의 피로 잔치를 벌이자!

-크아아아아아!

콰르강을 필두로 수많은 외눈박이들이 몬스터들을 어깨에 올리고 도강을 시작했다. 이미 폭음이 울렸다. 협력하기로 한 하마엘 클랜 말고도 노량진의 다른 천사들도 이상을 알아챘을 터. 이제부터는 시간이 금이었다. 재빨리 쳐들어가 일부 지역을 점령하고 후속 부대를 유도해야 한다. 콰르강은 이 임무의 성공을 확신했다. 벌써 승리의 영광이 그의 외눈에 어른거렸다.

-크하하하핫! 다리를 날래게 움직여라! 그리고 오늘 밤에는 그 하나뿐인 눈을 절대 감지 말라! 이 콰르강의 승리를 보기 전까진!

콰르강은 무려 3,000여 마리에 달하는 몬스터들을 이끌고 쾌진격했다. 실로 벽력같이 몰아치는 그 기세가 대단해서 누구라도 맞설 수 없을 것 같아 보였다. 그들은 놀랄 정도로 빠르게 무너진 성벽을 기어 올라갔다. 뒤쪽에 있는 외눈박이들은 그걸로 부족했는지 이고 있던 몬스터를 안으로 던져 넣기까지 했다.

일부는 낙하의 충격을 견디지 못하고 죽기도 했으나 병력이 많아서 상관없었다. 오히려 그들은 죽어서 뒤이어 떨어지는 몬스터들의 매트리스 역할을 해주었다.

-키에에에엑!

-쓰에에에!

삽시간에 성벽 위는 몬스터로 가득 차게 되었다.

-좋다! 하마엘 클랜 놈들이 호응을 잘 해줬군. 이대로 더 들어가 거점을 점령한다.

콰르강은 부대를 모아서 안쪽으로 진입해 들어갔다. 하지만 사방이 너무 조용한 게 콰르강은 마음에 들지 않았다.

-이상할 정도로 순조롭군.

-콰르강님. 모든 게 잘 될 때는 으레 그렇지 않습니까?

-크룽! 그건 그렇지! 크하하하하!

부하의 말에 콰르강은 쓸데없는 근심이었는지 싶어 호탕하게 웃어보였다. 그렇게 웃음은 전염됐고 몬스터들은 저마다의 기이한 소리로 웃어댔다.

-끼기기긱!

-푸푸푸푸푸!

-꾸르르! 꾸륵! 꾸륵!

그렇게 웃던 몬스터들은 곧 하나 둘 웃음을 그치기 시작했다. 누가 시킨 것도 아니었다. 자연스럽게 웃음소리가 사라져간다. 아직 뭐가 문제인지 몰랐지만, 무언가 잘못된 걸 본능적으로 느꼈기 때문이었다. 알 수 없는 불안감이 여기 모인 많은 몬스터들의 마음을 조여 왔다.

-콰르강님.

-콰르강님!

몬스터들이 불안한 음색을 감추지 못하고 그들의 지도자를 불렀다. 하지만 콰르강은 묵묵부답이었다. 심지어 그가 식은땀을 흘리고 있던 것을 깨닫고 주위의 몬스터들은 당황하지 않을 수 없었다.

–콰르강님? 대체?

하지만 그에 대한 대답은 콰르강이 아니라 어둠 너머에 들려왔다.

"어서 오라."

놀랄 만큼 맑고 매혹적인 목소리였다. 그리고 곧 한 천사가 장막처럼 드리워진 어둠을 뚫고 나타났다. 그녀는 태양처럼 찬란한 천사였다. 아니, 태양의 현신 그 자체였다.

콰르강은 비통한 심경으로 부하들에게 말했다.

–저런 존재가 이제껏 눈에 띄지 않았음은 무엇이겠느냐?

–네?

–이 주변을 무겁게 누르는 어둠이 인공적이란 소리다. 우리는 어쩌면 사지로 들어온 건지도 모른다. 모두 몽둥이를 단단히 쥐고 하나뿐인 눈을 똑바로 떠라!

콰르강은 두려움에 심장이 터질 것 같았다. 하지만 부하들이 보고 있는 상황이라 애써 태연을 가장했다. 그때 그런 그에게 태양의 대천사는 절망적인 선언을 한다.

"맞다. 외눈박이의 왕이여. 이 어둠은 인공적인 것이지. 자, 이제 진실을 보거라. 나 미카엘라가 어리석은 그대들의 눈을 뜨게 해주겠다."

그리 말하며 미카엘라는 손 안에 작은 태양은 만들어 낸다. 그리고 머리 위로 높이 던진다. 그러자 일대는 대낮처럼 환해진다.

그와 함께.

"와아아아아아아아아아!!!!!!!!!!!!"

엄청난 함성이 터져 나왔다.

태양이 모든 걸 드러내자 숨어 있던 수천 명의 헌터들과 수백의 천사들이 모습을 드러냈던 것이다. 그들은 자신들의 무기를 들고 노량진 일대가 떠나갈 듯 외치고 있었다.

"섬멸! 섬멸! 섬멸!"

"섬멸! 섬멸! 섬멸!"

"섬멸! 섬멸! 섬멸!"

모두 동일한 구호를 외치며 무기로 땅을 두들겨대자 그 웅대한 위용에 몬스터들은 완전히 겁먹어 버렸다. 곧 몬스터 하나가 압력을 견디지 못하고 몸을 돌리던 그 때.

거대한 몽둥이가 내리쳐진다.

퍼억!

방금까지 몬스터였던 존재는 으깨져서 형체가 없어졌다. 몽둥이를 휘두른 이는 콰르강이었다.

-모두 겁먹지 마라! 반드시 이 몸이 모두….

하지만 그 말은 채 끝마치지 못했다. 콰르강의 머리가 허공으로 날아가고 있었기 때문이었다.

"용감하지만 어리석구나, 콰르강."

단번에 그의 머리를 날린 이는 미카엘라였다. 지팡이 끝에 서슬퍼런 광선을 어리게 해서는 콰르강의 머리를 잘라낸 것이었다.

피슈슈슛!

잘린 목에서 피가 분수처럼 솟아져 나왔다. 미카엘라는 그 피를 뒤집어쓰면서도 환하게 웃고 있었다. 그런 그녀의 모습에는 광기마

저 느껴졌다.

–검은 태양이다!

–우린 모두 죽을 거야! 저 검은 태양에게!

미카엘라가 하늘 위로 던진 태양광은 밤의 어둠을 배경으로 마치 검은 태양처럼 빛나고 있었다. 그런 상황에서 미카엘라가 피를 뒤집어쓰고 웃고 있으니 몬스터들은 모두 질려버리지 않을 수 없었다. 결국 그들은 전의를 잃어버리고 도망치기 시작했다. 하지만 미카엘라는 그들을 결코 놓아줄 생각이 없었다. 그녀는 자신의 지팡이를 앞으로 뻗으며 소리쳤다.

"각자가 들 수 있는 한계까지 적의 머리를 베어 오도록! 가라!"

미카엘라의 명령이 떨어지자 헌터와 천사들은 해일처럼 밀려가 우왕좌왕하는 몬스터 떼를 사정없이 깨부쉈다. 이미 전투가 아니라 무훈과 마정석을 탐내는 학살이었다.

마지막 몬스터가 구슬픈 울음과 함께 쓰러질 때까지, 전투는 꼬박 다섯 시간 이상 걸렸다. 진이 빠지는 싸움이었지만 그래도 눈부신 대승리였다.

모두 지쳐서 당장 쓰러질 것 같은 모습에도 승리를 축하하고 있었다. 그렇게 헌터와 천사들이 상기된 얼굴로 서로를 격려하던 그때, 젊은 여성 헌터 하나가 슬며시 움직인다.

그녀는 성큼성큼 걸었지만 누구의 주의도 끌지 않았다. 곧 그녀는 노량진의 방벽을 성큼 넘더니 놀랍게도 몬스터 진영으로 향하기 시작했다. 그녀가 향한 곳은 대군주 르카의 거처였다.

-다녀왔어요.

여성 헌터는 인사를 하며 곧 자신을 변형시킨다. 그러자 매끈한 금속 질감 같은 피부의 인간형 몬스터가 모습을 드러낸다. 그녀는 이전에 스이엘을 호위했던 군주급 몬스터 다르쿠다였다. 르카가 이번 싸움의 상황을 살피기 위해 몰래 그녀를 잠입시켰던 것이다. 다른 이들은 몰랐지만, 그녀는 자신의 유용한 변신 능력을 르카를 위해 쓰고 있었다.

-보고 하라.

르카의 말에 다르쿠다는 성 안에서 보고 들은 것들을 설명했다. 곧 르카는 인상을 찌푸렸다.

-망할 미카엘라 년. 역시 배신한 건가.

-알고 계셨습니까?

-그렇다. 애초에 선봉으로 콰르강을 보낸 것도 그런 이유지.

-왜 그런 무식하고 쓸모없는 자를 중요한 일에 쓰신 건지 이해하기 어려웠는데, 미카엘라의 배신을 예상하셨던 거군요.

-그렇다. 애초에 태양의 대천사가 우리와의 거래에 순순히 응할 거라고 생각하기 어렵다. 그 녀석처럼 욕심 많은 존재는 결코 노량진을 포기하고 서초구 일대를 받지 않을 거다. 외부에는 미카엘라가 안정을 원하고 있다고 알려져 있지만 어림없는 말이지. 다들 미카엘라의 탐욕을 몰라서 하는 소리다.

르카의 설명에 다르쿠다는 고개를 좀 갸웃거렸다.

-하지만 이 웨이브는 거의 그녀가 유도해 낸 것 아닙니까? 노량진 땅을 확고히 갖고 싶다면 어찌 우리와 협력해 위험을 자초한답니까?

-쯧! 지엽적인 사고를 버리라고 말하지 않았느냐, 다르쿠다. 최근 그녀의 행보를 생각해 보라.

-메타트론을 쳐냈지요?

-그렇다. 천사 진영의 내부 분위기가 뒤숭숭하겠지. 서열 2위가 서열 1위를 쳐냈으니.

-단결이 필요하다 그거군요?

-그렇다. 그 더러운 놈들이 단결하기 위해선 외부의 적인 우리만큼 좋은 게 없지.

-그리고 이번 전역에서 능력을 보여 자신의 입지를 공고히 한다?

-아마도 그런 거겠지. 실제로 오늘밤 그녀는 잘해내지 않았느냐?

-그렇다면 싸움이 어려워진 것 아닌가요?

다르쿠다의 물음에 르카는 웃기만 했다.

-뭔가 생각이 있으시군요?

-그렇다. 적의 노림수를 알면서도 대책을 마련하지 않는 자였다면, 나는 이 자리까지 오르지 못했겠지.

-과연 르카님이십니다. 차기 왕의 재목!

-그 얘기는 삼가 조심하라! 누가 들어서 좋을 것 없다.

르카가 신경질적으로 지적하자 다르쿠다는 움찔하며 사과한다.

-죄송합니다. 르카님.

주의를 준 태도와 다르게 르카는 차기 왕이란 말에 즐거운 듯했다. 묻지도 않았는데 작전을 먼저 설명해 준다.

-지금 노량진의 서쪽에 아가라쉬와 가제르가 군세를 이끌고 대기 중이다.

노량진 서쪽은 싸움이 난 동쪽과 정반대편이다. 그리고 아가라쉬와 가제르는 군주급 서열 2위, 5위의 실력자들. 버리는 카드로 썼던 외눈박이의 왕 콰르강과는 비교불허의 강자였다.

-적이 지친 이때 들이치려는 것이군요! 말 그대로 성동격서*의 작전!

-그렇다. 크하하하하!

-하지만 적의 신성지와 성벽은 굳건합니다. 지쳤다고 해도 금방 몰려들어 방어에 나설 겁니다. 쉽지 않은 싸움일 텐데요.

다르쿠다의 우려에도 르카는 자신만만했다.

-내가 그 정도도 고려하지 않았을 거라고 여기느냐?

-하시면?

-크하하핫! 하하하!

르카는 한동안 사뭇 유쾌하게 웃어댄다. 그러더니 의미심장한 말투로 입을 연다.

-전에 내가 날개가 검은 천사가 있다고 하지 않았느냐?

-그러셨습니다. 배신자 미카엘라에 대한 은유적 표현이 아니었습니까?

-배신자에 대한 표현인 것은 맞다. 하지만 미카엘라는 결국 배신

* 동쪽에서 소리를 내고 서쪽에서 적을 친다는 뜻.

자가 아니지 않았느냐? 녀석은 자기 이득을 위해 이쪽을 이용해 먹었을 뿐이다. 그리고 검은 날개란 건 은유적 표현이 아니었다.

-그렇다면 배신자란 카드가 아직 남아있다는 거군요! 정말로 검은 날개를 가진!

-그렇다. 누구도 파악하지 못한, 우리의 협력자가 저 성 안에 있다. 그리고 그 천사는 지금 서쪽의 수비를 담당하고 있지.

다르쿠다는 실로 감탄의 연속이었다. 과연 대군주급 몬스터는 달라도 다르단 생각을 했다. 이런 안배라니. 노량진 신성지는 무사하지 못할 것 같았다. 그녀는 떨림으로 흥분을 감추지 못한 채 르카에게 물었다.

-그 검은 날개의 천사가 누굽니까?

우리엘은 미카엘라와의 싸움 이후 노량진 서쪽에 있는 자신의 신성지에 유폐된 상황이다. 일전의 싸움은 극한까지 치달은 것이었지만 상황이 상황이니만큼 미카엘라는 우리엘을 죽이지 않았다. 웨이브를 앞두고 대천사라는 상당한 전력을 살해할 수는 없기 때문이었다.

미카엘라는 싸움의 건은 묻지 않을 테니, 자신의 신성지나 책임지고 방어하라고 요구했다. 이에 대해 우리엘은 이탈한 메타트론 일행을 미카엘라가 휘하의 헌터를 보내 추격하지 않는다는 조건을 걸었다.

미카엘라는 이 조건을 받아들였고 우리엘은 자신의 신성지로 돌아갔다. 말이 돌아간 거지 특별한 마법에 걸려 신성지 밖으로 나올 수 없게 된 상태였다.

그것은 그야말로 유폐나 다름 아니었다.

그것만으로도 부족해 미카엘라는 때때로 스이엘을 보내 신성지 안에 가둬둔 우리엘의 상황을 살피곤 했다. 오늘도 예외는 아니어서 스이엘은 우리엘의 신성지로 보내졌다.

"미카엘라님도 참. 대승을 한 날인데 나도 좀 즐기게 해주시지."

외눈박이의 왕 콰르강과 그 휘하 몬스터를 전멸시켰기에 노량진은 지금 축제 분위기였다. 그런 분위기에 편승해서 놀고 싶었던 스이엘은 여간 아쉬운 게 아니었다. 게다가 우리엘 신성지에서 그녀는 반가운 손님이 아니었다. 그러니 아무래도 날갯짓이 무거울 수밖에.

"할 수 없지. 얼른 끝내고 돌아오자. 치킨이 식기 전에 돌아오겠소! 으하하하!"

혼자 허공에 대고 웃은 스이엘은 그래도 뽀르르 날아서 우리엘의 신성지로 향했다. 그는 신성지의 중심인 성소에 있었는데, 그곳은 얼음의 힘을 다루는 우리엘의 거처답게 남극처럼 추운 곳이었다.

그곳에 들어갈 생각을 하니 스이엘은 벌써부터 써늘해지는 기분이라 옷깃을 여몄다. 그리고 성소를 지키는 권천사 몇을 지나서 얼음 옥좌에 앉아 있는 우리엘과 만났다.

"우리엘님."

"왔군."

둘은 서로에게 간단히 인사한다. 양쪽 다 상대가 별로 반갑지 않았다.

"미카엘라님으로 부터의 전언입니다."

"듣겠다. 말하라."

"노량진 서쪽 방어를 신경 써 달라고 하십니다. 적이 토벌되긴 했으나 양동작전일 수도 있으니까요."

"크게 걱정할 일은 아니군."

우리엘의 대답에 스이엘은 어깨를 으쓱했다.

"그렇긴 하네요. 설령 그렇다고 해도 노량진의 성벽과 신성지의 위력이면 충분히 막아내고도 남겠죠. 어쨌든 미카엘라님의 말씀은 전했어요. 그러니 우리엘님도 적당히 해주시면 서로 편하고……."

"아니, 그게 아니다."

적당히 마무리하고 떠나려는 스이엘은 드물게 자신의 말을 끊은 우리엘은 보고 의아한 표정을 지었다. 그러다 흠칫 놀라고 말았다. 우리엘이 지금껏 한 번도 본 적 없는 어두침침한 미소를 머금고 있었기 때문이었다.

"미카엘라가 말은 그렇게 해도 노량진 서쪽에 크게 신경 안 쓰는 것 같으니 하는 말이다."

"네?"

스이엘은 이해가 안 돼서 되물었다.

하지만 날아온 건 우리엘의 얼음 마법이었다.

"꺄아앗!"

스이엘은 순식간에 손발이 얼어붙어서 바닥에 내팽개쳐졌다. 벗어나려고 바둥바둥거렸지만 평천사인 그녀가 대천사의 권능에 대적하기란 불가능했다.

"우리엘님 이게 대체! 뒷감당을 어떻게 하시려고요!"

"크큭. 뒷감당을 내가 꼭 해야 하나?"

우리엘은 음산하게 웃었다. 그와 동시에 그의 깨끗하고 아름다운 날개가 어둠으로 물들어 간다. 스이엘은 경악으로 눈이 동그랗게 커져서 그 광경을 바라보았다.

"아니, 당신!"

"그렇다. 네가 생각하는 일이 맞다."

아무도 몰랐지만 우리엘은 타락한 상태였다. 날개가 검게 변한 건 몬스터의 힘에 물든 걸 의미한다.

"너희가 승전으로 기뻐하는 지금 이 순간, 노량진의 서쪽에서 몬스터의 대군이 접근하고 있다. 그들은 내 신성지를 무사히 통과할 것이다. 그리고 노량진 내부로 쏟아져 들어가겠지. 크크크큭!"

"그럴 수가!"

스이엘은 소름이 돋았다. 이대로라면 큰일이었다. 어떻게든 미카엘라에게 이 소식을 전하고 싶어 꿈틀댔지만 전혀 소용이 없었다.

"벌레처럼 발악하는군. 스이엘."

"이 쓰레기가!"

그리 비난하면서도 스이엘은 이해할 수 없다는 표정을 지었다. 메타트론 클랜을 돕던 그가 타천사에 배신자라니.

"여전히 이해가 안 간다는 얼굴이군. 그래, 그렇다면 네 물음에 답해주지. 어차피 아직 시간이 많다."

우리엘의 말에 스이엘은 궁금하던 걸 물었다. 그러자 우리엘은 유쾌하게 웃어댔다.

"그거야 당연하지 않느냐. 그 바보 같은 메타트론 클랜을 돕는다면 노량진은 계속 불안한 상태를 유지하겠지. 그래야 웨이브를 일으켜 점령하기 유리하니 메타트론 클랜을 도울 수밖에. 실제로 미카엘라가 주도권을 잡는 바람에 싸움이 어려워지지 않았나? 물론 그것도 오늘로 끝날 테지만."

"메타트론과 유제아를 구한 것도 그것 때문이야?"

"그래. 메타트론과 유제아가 도망가야 미카엘라의 불안 요소로 남지. 게다가 나는 어차피 미카엘라가 나를 죽이지 않을 걸 알고 있었다. 비장한 듯 나섰지만 어차피 내 신상에 문제가 없을 걸 알기에 생색낸 것에 불과하다. 사실 신성지에 유폐된 건 참을 수 없는 처사지만, 어차피 웨이브가 성공하면 풀려날 테니까."

"너 이 새끼! 진짜 제대로 개새끼구나!"

"아직 내게 욕할 건 더 남았다. 나는 도망친 메타트론에게 산달폰 클랜의 비밀을 알려줬지. 왜 그랬을까? 그건 미카엘라가 산달폰 클랜의 잔당을 후원하고 있다는 걸 알았기 때문이다. 그래서 산달폰 클랜에 대한 미카엘라의 영향력을 제거하고자 메타트론에게 비밀을 알렸지."

"더러운 자식!"

"하하하. 그래도 설마 친구를 쳐내는 자보다 더러울까? 여봐라!"

"네!"

우리엘의 부름에 성소의 입구를 지키던 권천사 둘이 나타난다. 그들의 날개 역시 검게 물든 상태였다.

'언제 일이 이렇게! 우리엘 클랜에게 무슨 일이 있었던 거지!'

스이엘은 경악하지 않을 수 없었다. 우리엘뿐 아니라 휘하의 천사들까지 타락한 상황이니 말이다.

"이년은 데려가서 가둬 두거라. 앞으로 직접 보여줘야 할 것이 많다. 기회가 된다면 이년 앞에서 잘린 미카엘라의 목을 흔들어주고 싶군!"

"우리엘! 네놈 정말 미친 거야!"

"크하하하하! 미쳤다면 미친 거겠지!"

우리엘이 광소하자 그의 주위로 눈발이 휘날린다. 그는 바람에 흔들리는 머리칼을 뒤로 넘기면서 싱긋 웃는다.

"미카엘라는 패퇴할 것이다."

"지랄 마! 미카엘라님이 지실 리가 없어!"

"과연 네 생각대로 될까? 뭐, 어차피 너는 네 주인의 명예가 시궁창에 쳐 박히는 동안에 아무 것도 못할 것이다."

"우리엘!"

"더 보기 싫다! 끌고 가라!"

"네! 우리엘님!"

권천사들에게 끌려가는 동안 스이엘은 거칠게 반항했다. 평소 귀여운 외모에 행동도 사랑스러운 그녀지만 성질나면 굉장히 거친 여자였다.

"이 씨발 놈들아 안 놔! 우리엘 개새끼야! 니가 감히 주인을 물어! 주인을 문 개새끼가 나중에 어떻게 되는지 아냐고! 이 오뉴월 개 패듯이 패 죽일 새끼가!"

스이엘은 이마에 핏줄이 불거질 정도로 화를 내고 있었다. 곧 대천사가 건 구속 마법조차 일부 파괴해 버렸다. 그런 그녀의 태도에 우리엘조차 순간 어이가 없어서 입이 벌어질 정도였다.

"…천박하기 이루 말할 데가 없군. 그 주인에 그 천사다."

우리엘의 서열이 미카엘라보다 낮긴 하지만 엄연히 같은 품계의 대천사이다. 그런데 스이엘이 단번에 주인을 문 개새끼로 폄하해 버리니 황당할 수밖에.

"놔! 놓으라고!"

스이엘이 격렬하게 반항하자 결국 권천사 둘이 그녀를 두들겨 패기 시작한다. 하지만 맞으면서도 스이엘은 독기가 전혀 꺾이지 않았다. 그녀는 지지 않고 고래고래 소리를 질러댄다. 결국 권천사 하나가 들고 있던 메이스로 스이엘을 후두부를 강타한 후에야 겨우 조용해 졌다.

"끌고 가라. 꼴도 보기 싫다."

"네, 우리엘님."

곧 스이엘은 지하 감옥으로 끌려갔다. 그리고 그녀가 우리엘을 알현한 성소의 바닥에는 길게 이어진 핏자국만이 있을 뿐이었다.

우리엘의 배신으로 노량진 몬스터 웨이브는 최악의 사태로 치달았다. 이제 노량진 서쪽에는 거대한 구멍이 뚫린 것과 같은 상황이었다.

미카엘라는 우리엘이 자신에게 불만은 갖겠지만 설마 천사 진영

자체를 배신할 줄은 몰랐기에 크게 당황했다. 그녀는 탁월한 지도력으로 노량진의 헌터와 천사들을 모아 급조 방어선을 만들었지만 전투는 최악의 흐름을 타고 있었다.

여전히 신성지가 몬스터들을 약화시키고는 있었지만 평지에서 10배가 넘는 적을 상대하는 건 그야말로 중과부적. 노량진 방위군은 영웅적인 전투를 계속 이어갔음에도, 갈수록 희망이 사라져갔다.

급기야 노량진의 반 이상을 적에게 내줬을 때, 노량진 방어에 뛰어들었던 자들 중 이탈자가 속출했다. 특히 작전 회의에서 하마엘 클랜이 철수하겠다는 말이 나오자 참석자 모두가 술렁였다.

"미카엘라님, 현재 클랜에 남은 헌터가 9명이고 이중 6명은 중상입니다. 송구합니다만, 철수를 허락해 주십시오. 대신 이번 싸움의 전리품에 대해서는 일절 주장하지 않겠습니다."

하마엘 클랜은 외눈박이의 왕 콰르강을 유인하는데 공을 세운 곳이다. 그런데 전리품도 챙기지 않고 돌아가겠다고 하니 회의에 참석한 모두가 어두운 표정이 됐다. 그 정도로 상황이 어렵다는 뜻이었다. 하지만 가장 큰 문제는 그게 아니었다.

하마엘은 미카엘라 휘하에 있는 평천사다. 현재 미카엘라가 결사적으로 노량진을 수호하고자 하는 이때에 그녀 휘하의 천사가 빠지겠다고 나선 것이었다. 물론 사정을 이해하지 못할 건 아니었다. 하마엘 클랜은 누구보다 용감하게 싸웠고 결국 클랜 자체가 와해될 지경이 됐다. 남은 헌터가 9명인데 6명이 중상이다. 치료 마법을 받았을 텐데도 중상으로 분류된 건 팔다리 어디가 날아가 장애인이 됐단 얘기다. 하니 하마엘 클랜이 이전의 세를 회복하려면 앞으로 오랜 세월이 필요할 터였다.

그런 점을 누구보다 잘 아는 천사와 헌터들은 하마엘 클랜을 동정어린 표정으로 바라보았다. 그와 함께 미카엘라가 과연 어떤 판단을 내릴지 주시한다.

현재 여러 클랜의 이탈이 가속화된 시점에서, 자신의 직속인 하마엘의 퇴각까지 허락하면 앞으로 상황이 어찌될지 뻔하기 때문이다. 그렇지만 인정상 거절하기도 어렵다. 그야말로 진퇴양난이 아닐까, 지켜보는 자들은 그리 생각하고 있었다.

하지만 미카엘라는 금세 결정했다. 미카엘라가 가진 최대의 장점은 결단이 단호하고 빠르다는 데 있다. 아무리 어려운 문제라도 망설이지 않는 게 그녀였다.

"알겠다. 퇴각해도 좋다. 다만 전리품을 포기하겠다는 말은 허가할 수 없다. 클랜을 재건하려면 많은 자금이 필요할 테니 사양하지 말거라."

"미카엘라님!"

하마엘은 상관의 말에 우려를 나타냈다. 그가 자신의 전리품을 포기하겠다고 한 건, 다른 클랜의 이탈을 더욱 부채질할지도 모른다는 생각 때문이었다. 단순히 먼저 발 빼는 게 아니라 재물까지 챙겨갈 수 있다면 앞다퉈 이 전장을 빠져나갈 것이기 때문이었다. 아니나 다를까 회의석상이 소란스러워지기 시작한다. 곧 몇몇 클랜이 같은 조건으로 철수하고 싶다고 얘기를 꺼낼 듯했다. 하지만 미카엘라가 그들보다 빨랐다.

"전황이 어려운 건 잘 알고 있다. 하지만 포기하기엔 이르다. 모두 잘 알겠지만 이 노량진은 잃어버리기에는 너무나 큰 희망이지 않느냐. 이곳을 우리가 갖고 있는 한 적은 늘 목에 가시가 걸린 것처럼 불편하겠지. 그러니 모두 분배받은 땅을 굳건하게 지켜다오."

전리품과 다르게 땅 문제는 사전에 엄하게 정해둔 게 있다. 이번 전역에서 이탈한 클랜은 분배받은 노량진 땅을 모두 포기하기로 말이다.

사실 그게 이런 상황에서도 모두를 붙잡아 두고 있는 가장 강력한 동기였다. 미카엘라가 메타트론을 몰아내고 땅을 분배할 때 불협화음이 많았다. 각 클랜은 조금이라도 더 차지하려고 난리였기 때문이다. 그렇게 아웅다웅하고 인정받은 땅인데 이대로 철수하면 공염불이 되고 만다. 쉽사리 발길이 떨어질 리가 없다.

"뭔가 대책이 있으십니까?"

그때 묵묵히 듣고 있던 엽왕 임철웅이 나서서 묻는다. 그는 최강의 헌터, 12인 위원회의 의장이란 위치에 걸맞게 헌터의 대표격이었다. 헌터들이 미카엘라에 쉽사리 묻지 못할 걸 알기에 먼저 나서서 질문한 것이다.

"있다."

미카엘라가 확답을 하자 그제서야 모두의 얼굴이 밝아진다.

"그게 무엇입니까?"

"미안하지만 밝힐 수 없다. 그대도 알겠지만 우리 중 배신자가 여럿 나와서 말이다."

미카엘라의 지적에 주변에 다시 우울한 공기가 깔린다. 이번 싸움이 가장 힘든 점은 배신자들이 암약했기 때문이다. 우리엘 클랜의 배신만으로도 버티기 어려운데 각 클랜마다 간첩처럼 소수의 배신자들이 나타났다. 그 때문에 천사와 인간들은 더욱 밀려났고 현재 모두는 의심암귀에 사로잡혀 있었다.

이미 이탈한 클랜들은 이런 분위기를 읽고 이 전쟁이 졌다고 판단한 경우다. 그들은 욕심 내지 않고 깔끔하게 이 수라장을 빠져나가는 것을 택했다. 하지만 이곳에 재산이 묶인 상당수는 그러지 못하고 있었다.

"내게 하루를 달라. 그러면 이 싸움을 반전시켜 보이겠다."

미카엘라의 말에 기대를 거는 이도 있었지만 반수 가량은 미심쩍어 했다. 게다가 지금 상황에서 하루를 버티는 것은 쉬운 일이 아니었다. 그러나 서열 2위의 대천사가 허언을 할 리가 없으니 일단 모두 그리하기로 했고, 회의는 그것으로 끝이 났다. 다들 앞으로 지옥 같은 하루를 견뎌야 한다는 사실에 어두운 얼굴이었다. 아마 그들 중 상당수는 미카엘라의 부탁에도 불구하고 전선을 이탈할 듯했다.

"후우……."

누군가 내뱉은 긴 한숨이 모두의 심경을 대변해 주고 있었다.

음속 오나윤.

섬광 박한철.

절단 임채오.

광염 김한수.

모두 미카엘라 클랜을 대표하는 고위 헌터들이다.

염왕 임철웅을 제외하면 이들과 겨룰 수 있는 자들은 많지 않을 정도의 고수들이었다. 그럼에도 그들은 모두 심각하기 짝이 없는 표정이었다. 지금 그들의 상관인 미카엘라가 내 놓은 의견에 절망감을 느꼈기 때문이다.

"존경하는 미카엘라님. 그러니까 단신으로 적의 대군주급 몬스터를 제거하러 가시겠다는 겁니까?"

김한수의 물음에 우아하게 홍차를 마시고 있던 미카엘라는 고개를 끄덕인다. 태평하기 짝이 없는 그 모습은 마치 자신의 계획이 별거 아니란 태도였다. 하지만 이 계획이 얼마나 위험한지 아는 그들은 앞 다퉈 말리기 시작했다.

"무모합니다!"

"부디 재고해 주십시오."

"미카엘라님은 저희 클랜의 근간입니다. 아니, 모든 헌터와 천사들의 기둥과도 같으신 존재입니다. 한데 그런 분께서 사지로 홀로 가시겠다니요!"

"차라리 저를 밟고 가세요!"

평소라면 미카엘라와 눈도 못 마주칠 자들이 이리 악을 쓰는 것만 봐도, 이게 얼마나 심각한 문제인지 짐작하기 어렵지 않다. 사실 미카엘라의 전투력은 웨이브를 이끌고 있는 대군주급 몬스터 르카보다 위다. 하지만 르카의 주위는 군주급 몬스터를 비롯해 많은 고위 몬스터들이 경호하고 있다.

미카엘라 혼자서는 승산이 없는 싸움이었다.

"누가 정면으로 쳐들어가겠다고 했느냐? 빈틈을 노릴 것이다. 앞으로 다섯 시간 후면 적의 대공세가 시작된다. 그 사이에 르카의 목을 딸 생각이다."

"어찌 다섯 시간 후에 대공세가 시작될 걸 아십니까?"

"첩자를 심어둔 건 적뿐만이 아니다. 내 눈과 귀 역시 제한적이지만 적의 수뇌부에 닿아 있다."

"그게 정말입니까!"

"그렇다. 많은 천사들이 적을 매수하는 일에 소극적이지만 나는 생각이 달랐지."

미카엘라는 제때 르카의 목만 딸 수 있다면 전황이 반전될 것이라고 기대 중이었다. 사실 이 작전이 암담한 건 누구보다 그녀 본인이 잘 알고 있었다. 그걸 느꼈는지 오나윤이 말리고 나선다.

"미카엘라님. 노량진을 포기하는 게 어떠신지요? 패배를 받아들이는 건 쉬운 일이 아니지요. 하지만 언제고 복수할 날이 올 거예요. 만약 여기서 미카엘라님께서 쓰러지시면… 앞으로 어찌해야 할지…."

오나윤의 만류에도 미카엘라는 단호한 태도였다. 한참 더 실랑이가 이어졌는데 결국 고위 헌터들은 그녀를 말리는 걸 포기하고 말았다.

"…이리 포기할 거였으면 애초에 그녀에게 빼앗지도 않았다."

헌터 중 대표격인 김한수는 상황이 어쩔 수 없음을 깨닫고 자리에서 일어나 한쪽 무릎을 꿇었다.

"저도 미력한 힘이나마 보태어 미카엘라님과 함께하겠습니다."

상관의 뜻을 꺾을 수 없다면 기왕 이리된 거 계획을 성공시키는 게 최선이었다. 김한수가 그리 결정하자 나머지 셋도 따랐다. 미카엘라는 그런 그들을 보고 고개를 끄덕여 보인다.

"고맙구나. 마침 그대들이 해줄 만한 일이 있다."

미카엘라가 노량진을 지키기 위해 필사의 작전을 결정했을 때 스이엘은 우리엘 클랜의 감옥에 갇혀 있었다. 한동안 감시의 눈길이 엄했는데, 바깥 상황도 바쁜지 이틀 전부터 방치되고 있었다.

"밥도 안 주다니…."

스이엘은 기가 막혀 바닥을 굴러다녔다. 이틀 전부터 식사도 끊겨서 아주 죽을 맛이었다. 천사니까 굶어죽을 일은 없겠지만 식욕은 어쩔 수 없었다.

"아아! 치킨 먹고 싶어! 피자도! 으아아악! 우리엘 이 썩을 놈아!"

감옥 안에 스이엘의 목소리가 공허하게 울린다. 우리엘 클랜의 감옥은 그녀 말고도 갇힌 헌터들이 많았다. 모두 우리엘의 배신에 반대했던 자들이다. 스이엘은 짧은 사이 그들과 안면을 텄다.

"니들도 치킨 먹고 싶잖아! 응? 응? 그렇지?"

답답한 스이엘이 옆방에 갇힌 여자 헌터에게 묻는다. 하지만 대답했다가는 귀찮은 일에 휘말린다는 걸, 지난 며칠간의 경험으로 아는 그녀는 애써 무시한다. 스이엘은 답답하면 수다가 기하급수적으로 늘어났기 때문이다. 처음에는 스이엘과 대화를 하던 헌터들이 이제는 최대한 외면 중이었다.

"어쭈? 씹냐? 와! 요즘 세상 진짜 좋아졌네!"

괜히 스이엘의 짜증을 받아주게 될까 싶어 옥중에 있는 헌터들이 서둘러 고개를 돌린다.

"야! 여보세요? 이것들이 아주 사람을 공기의 천사로 취급해? 어?"

결국 짜증을 부리다 지친 스이엘은 다시 뒤로 자빠져 뒹굴뒹굴 구르다 결국 잠이 들고 말았다. 그야말로 쇠심줄 같은 신경에 천하태평이었다.

"쿠울… 쿠울…."

그렇게 얼마나 잤을까?

뭔가가 바스락거리는 소리에 스이엘은 슬쩍 눈을 떴다.

"쉿!"

누군가 스이엘을 바라보며 검지손가락을 세우고 있었다.

"너는?"

스이엘도 익히 아는 얼굴이었다. 이 감옥의 간수인 헌터였다. 갇힌 헌터들과 다르게 우리엘의 편을 든 자일 텐데, 어째서인지 스이엘의 옥문을 몰래 열고 있었다.

"이게 뭐하는 거야?"

스이엘의 물음에 간수가 설명한다. 자신은 동료들을 구하기 위해 거짓으로 우리엘 편에 섰다는 것. 스이엘은 아예 이참에 모두 탈주하자고 제안했다.

"곤란해요. 잘 모르시겠지만 지금 밖에 몬스터와 타락한 천사가 잔뜩 깔렸어요. 이대로 헌터들이 나가봐야 개죽음이랍니다. 그러니 스이엘님만 몰래 빠져나가세요."

대신 후에 전쟁에서 승리하면 감옥에 갇혀있던 헌터들을 구명해 달라고 했다.

"배신하지 않았음에도 우리엘 클랜 소속이란 이유로 온갖 고난을 당할 거예요, 모두. 그때 스이엘님이 꼭 좀 도와주세요."

"알겠어. 내가 꼭 도와줄게."

그 후 스이엘은 간수의 도움을 받아 탈옥했다. 빠져나오는 도중 위험한 순간도 있었지만, 스이엘은 도망치는 데는 탁월한 재능이 있었다. 몇 시간 뒤 그는 미카엘라의 신성지로 복귀했다. 그런데 미카엘라가 어디에도 보이지 않았다.

"이게 어떻게 된 거예요?"

스이엘이 미카엘라의 경호원 노릇을 하던 권천사 디피넬에게 묻자, 그 역시 미카엘라가 어디로 갔는지 모른다고 했다. 스이엘은 무언가 자기가 모르는 일이 벌어지고 있음을 깨달았다.

'현재 미카엘라님은 이 신성지의 범위를 벗어나지 않았어. 신성지의 효과 자체가 유지되고 있으니까.'

적어도 미카엘라가 노량진에 있다는 건 확실했다. 만약 미카엘라가 본체로 노량진 싸움터를 벗어났다면, 지금 이 일대의 신성지 효과 역시 사라지게 될 테니까.

"우리엘 클랜으로 가신 뒤 소식이 끊겨서 걱정했습니다. 스이엘. 무사히 돌아오셔서 다행이군요."

"우연히 탈출할 수 있었어요. 그것보다 미카엘라님께서 어디 가신지 말씀해 주세요. 그분께 무슨 일이 있다면 우리는 전혀 다행이지 못할 테니!"

디피넬은 고민에 빠졌다.

미카엘라가 직접 대군주급 몬스터를 제거하러 간 건 극비였다. 하지만 스이엘은 미카엘라의 최측근. 괜히 그녀가 사방을 헤집고 다니게 하느니 말해주는 게 나을 수도 있었다.

"알겠습니다. 스이엘. 이 일은 엄중한 비밀이란 점을 알아주십시오."

스이엘은 곧 이어진 디피넬의 말에 충격을 받았다.

"말리셨어야지요! 무모하잖아요!"

"물론 그랬지요. 하지만 어디 말을 들으실 분입니까?"

"혼자 가신 겁니까?"

"고위 헌터 넷을 대동하고 가셨습니다."

"그런!"

비명이 터져 나올 것 같았기에 스이엘은 손으로 입을 가렸다. 그녀는 이대로 낙관적 전망만 가지고 기다려서는 안 된다는 걸 깨달았다.

'무모해. 아무리 미카엘라님이라도 실패할 거야.'

미카엘라에게 무슨 작전이 있는지 모르겠지만 스이엘은 자신이 뭔가를 해야 한다고 생각했다. 가장 좋은 건 도움을 요청하는 거다.

'누구에게 부탁해야 하지?'

현재 노량진에 있는 천사와 헌터들은 자기 자리 지키기도 어려운 상황이다.

'그렇다면 노량진 밖의….'

하지만 아무리 생각해도 적당한 자가 없었다. 노량진 밖에 있는 다른 대천사들은 결코 움직이지 않을 것이다. 방어선 안쪽의 평화를 지키는 그들의 임무 역시 무척 중요하다. 노량진 때문에 본진을 포기할 수는 없지 않은가.

노량진은 아깝지만 포기하면 그만이다.

하지만 안산 같이 인구가 밀집된 대도시가 파괴되면 그야말로 끝장이었다. 신新 안산은 몬스터 사태 이후의 부와 산업 기반이 집중된 곳이다. 노량진 따위와 비교가 안 되는 곳이니 후방의 안정을 수호하고 있는 다른 대천사들은 절대 움직이지 않는다. 애초에 미카엘라, 우리엘이 동조해 북상했던 것만 해도 엄청난 파격이었다.

'그 중 우리엘은 배신했고. 그렇다면….'

스이엘은 남은 건 결국 메타트론과 유제아 밖에 없음을 깨달았다. 배신해 내쫓았던 그들 밖에는. 스이엘의 마음이 천근의 무게 추를 단 것처럼 무겁게 가라앉는다.

하지만 고민은 길지 않았다.

'어쩔 수 없지. 가서 머리를 땅에 박더라도 도와달라고 해야 해.'

분명 염치없는 일이었지만 이대로 미카엘라가 죽게 내버려둘 수는 없는 일이었다.

5. 비록 태양이 뜨겁고 눈이 부셔도

나는 메타트론과 함께 구 산달폰, 현 메트타론 클랜원들을 이끌고 노량진으로 진격하고 있었다. 과거의 전설인 장흥억을 필두로 한 그들은 노량진 수복에 큰 도움이 될 게 틀림없었다. 현재 우리는 팔당호 일대를 지나고 있었다.

"그립구나."

팔당호를 내려다보며 메타트론이 중얼거리자 나는 반사적으로 묻는다.

"뭔가 추억이라도 있는 거야?"

"과거에 산달폰과 낚시를 하러 몇 번 왔던 곳이다."

"낚시?"

"그렇다. 그 아이의 취미였지."

뭔가 매치가 안 되는데. 산달폰을 직접 본 적은 없지만 쌍둥이 동생답게, 메타트론과 똑같이 생겼다고 한다. 유일하게 차이가 있다면 금발이라는 점일까. 그래서 내 머릿속에는 머리색만 다른 더블 메타트론이 낚싯대를 어깨에 기대고 걸어가는 모습을 상상했다.

-오늘도 월척이네요, 언니!

-돌아가서 매운탕에 한 잔 하는 게 좋겠구나.

뭔가 이런 대화들이 떠올랐는데 상큼하게 생긴 두 대천사와 별로 잘 안 어울리는 느낌이었다.

흠, 산달폰.

묘하게 아저씨 같은 취미 생활을 했었구나. 듣자니 메타트론은 낚시에 별 관심은 없었지만 여동생이 좋아해서 같이 어울려준 듯 싶었다.

"오! 산달폰님께서 낚시가 취미였습니까!"

산달폰 얘기가 나오자 장홍억이 관심을 보인다.

"뭐냐. 너는 그 아이의 최측근이었으면서 그런 것도 몰랐단 말이냐? 자기가 섬기던 대천사에게 너무 관심이 없던 거 아니었느냐?"

"송구하옵니다. 메타트론님. 하지만 산달폰님께선 저희 앞에선 사적인 모습을 보이신 적이 없었습니다. 항상 클랜 일이나 작전 같은 것만 논의하셨죠."

비단 산달폰만의 문제는 아닐 거다. 클랜원을 대하는 태도라면 메타트론 역시 자기 쌍둥이 동생과 다르지 않을 거다.

아니, 더할 지도 모른다.

필요한 사항은 날 통해 지시하고 클랜의 헌터들과 교류하지 않을 확률이 높다. 나는 이런 점이 바뀌어야 한다고 생각한다. 너무 격의 없이 지낼 것도 없지만 함께 클랜을 이끌어가는 입장이니 서로 이해하고 대화할 필요가 있다. 게다가 과거 메타트론이 고집스럽게 혼자 다녔던 것도 남에게 선뜻 부탁하지 못했던 그녀의 태도에서 기인한다. 나는 그녀와 계약하고 이런 점들을 바꾸겠다고 결의했다.

메타트론 클랜에 사람이 많기만 해서는 안 된다. 그녀의 주위에,

그녀가 더는 과거와 같은 쓸쓸함을 느끼지 않게 좋은 사람들로 채워 넣겠다고 결심했다. 그걸 위해서 메타트론 역시 앞으로 바뀌어야 한다.

"메타트론."

"응? 무엇이냐?"

"역시 대천사가 휘하의 클랜원들과 너무 거리를 두는 건 역시 별로인 것 같지 않아? 장흥억 형님은 산달폰이 낚시를 좋아하는 것도 몰랐다고 하잖아. 같은 클랜인데 너무 소통이 없던 거 아닐까?"

"흐음? 뭐, 그렇긴 그렇다만."

메타트론은 내가 운을 띄운 것에 일말의 불안감을 느끼는 듯했다. 다른 사람이랑 얽히기 싫어하는 성격이 그대로 나오고 있었다.

"그러면 이번 작전이 끝나면 근사한 축하연을 열자. 신규 클랜원들을 환영하고 노량진을 되찾은 기념으로. 그때 메타트론 너는 클랜원 하나하나랑 다 인사하는 거야. 어때?"

"히익!"

아니나 다를까 메타트론은 꺼리는 기운이 역력하다. 낯가림이 심한데 모두와 인사하라니 부담스럽겠지. 하지만 이번만큼은 나도 봐줄 생각이 없다.

산달폰 클랜을 흡수하고 커진 메타트론 클랜을 이끌어 가려면 예전과 같은 태도로는 안 된다. 과거 그녀가 자신의 지위에도 불구하고 단출하게 수십 정도만 이끌던 때와는 완전히 상황이 달랐다.

장흥억은 내 제안에 기뻐한다.

"좋은 생각이군. 메타트론님! 제가 그때 클랜원들을 한 명 한 명 모두 소개해 드리겠습니다. 모두 진국 같은 녀석들입죠. 마음에 드실 겁니다. 크하하하!"

장홍억이 대소하는 동안 메타트론은 슬쩍 나를 보며 원망의 시선을 보내온다. 벌써부터 스트레스 받는 게 보인다. 너 진짜, 사람 상대하는 걸 얼마나 힘들어 하는 거야. 하지만 이번 만큼은 어쩔 수 없겠지. 게다가 이들은 모두 여동생의 클랜원들이었으니까 메타트론이 책임지고 돌볼 필요도 있었다.

"메타트론, 내게 소원 하나 들어줄게 있지? 이번에 쓰겠어."

"알겠다. 그리하지."

결국 그녀는 피곤한 목소리로 수락할 수밖에 없었다. 하지만 걸어가면서 내 허리를 꽉 꼬집고 가는 것을 잊지 않았다.

"고맙구나."

"별 말씀을. 위대한 메타트론을 보좌하는 게 제 임무 아닙니까."

실실 웃으며 말하자 메타트론은 울컥해서는 성큼성큼 걸어가 버린다. 나는 그런 그녀의 뒷모습을 보고 웃다고 곧 따라가 그녀의 어깨를 잡았다.

"왜 그러느냐? 또."

살짝 짜증이 묻어나는 메타트론의 목소리에 나는 대답대신 하늘 한쪽을 가리켰다.

"저기에 뭐가 있는… 어라? 저건 천사가 아니더냐?"

"그러네."

하지만 나는 그 천사의 정체를 파악하자마자 인상이 찌푸려졌다. 바로 새로운 배신의 아이콘, 스이엘이었다. 메타트론 역시 표정이 딱딱하게 굳는다.

"왜 저런 분홍 쓰레기가 우리에게 오는 것이냐."

"글쎄."

나는 스이엘이 땅에 내려앉자마자 주먹을 꽉 쥐고 다가갔다.

"스이엘."

"아하하… 별 일 없었지?"

스이엘은 어색하게 웃으며 뒷걸음질 친다. 원래라면 보자마자 한 방 날려줬을 텐데, 어이가 없을 정도로 뻔뻔하게 나타나서 화가 폭발하지도 않았다. 약간 좀 황당한 기분이랄까.

"아하하. 어라?"

뒷걸음질 치던 스이엘은 근처에 있던 담벼락에 등이 부딪쳐서는 멈춘다. 나는 주먹을 뒤로 당긴 뒤 그대로 내질렀다. 놀란 스이엘이 눈을 질끈 감는다.

콰앙!

담벼락에 주먹이 만든 큰 자국이 남는다.

두둑. 둑.

콘크리트 파편이 스이엘의 어깨 위로 떨어져 내렸다.

"하하, 유제아. 벽쿵치고는 터프하네?"

"아직 농담할 기분인 것 같군요. 이번에는 빗나갔지만 다음번에는 제대로 적중할 거 같은데요."

그리 말하면서 주먹으로 얼굴을 겨냥하자 스이엘이 질겁한다.

"까앗! 때리지는 말고. 귀여운 얼굴이잖아!"

"뻔뻔하시군요. 뭐 먼저 때려놓고 어디 사는 누구처럼 일단 사과는 할께라고 말하면 되는 거 아닙니까?"

"역시 열 받았지?"

"그럼 안 받습니까? 대체 왜 그렇게 배신한 겁니까?"

"그렇다. 본녀도 진실을 알고 싶다."

어느새 메타트론도 다가와 있었다. 우리 둘이 그리 압박하자 아무리 넉살 좋은 스이엘이라도 버텨낼 재간이 없는 듯하다. 그녀답지 않게 식은땀을 잔뜩 흘리고 있었다.

"모든 일에는 이유가 있는 거 아니겠어?"

"그래서 그 이유가 뭔가요?"

"그게 말이야. 사실 말할 수 없어."

"왜요?"

"나는 맹세에 묶여 있어. 미카엘라님이 이 건에 관해 어디 가서 떠들지 못하게 막아둔 거야."

그 말에 메타트론이 비웃음을 터뜨린다. 스이엘이 솔직히 말할 생각이 없다고 판단한 건지도 모르겠다. 나 역시 이 상황에도 변명하는 듯한 스이엘의 태도에 화가 났다.

"역시 당신은 실컷 두들겨 줘야겠군요. 배신의 대가를 치르게 해드리겠습니다."

"잠깐! 잠깐만! 그래도 말할 수 있는 게 하나 있다고."

"뭡니까?"

스이엘은 뒤쪽에 있는 장흥억을 가리킨다.

"산달폰 클랜 말이야. 지금까지 산달폰 클랜을 후원했던 게 미카엘라님이라고!"

"뭐? 그게 정말이더냐?"

메타트론이 깜짝 놀란다.

"제가 어느 안전이라고 거짓을 고하겠어요, 메타트론님."

스이엘은 약간 비굴할 정도로 메타트론에게 굽실거렸다.

"그렇다는 건 미카엘라는 산달폰 클랜의 생존을 전부터 알고 있었다는 것이더냐?"

"맞아요."

"그렇다면 왜 본녀에겐 얘기하지 않았던 것이야!"

"그거야 메타트론님께서 6년이나 밖으로 나다니신 탓에 연락이 안 됐잖아요. 노량진에 자리 잡은 것도 최근이고. 때가 되면 말씀하시려고 했겠죠. 하지만 노량진에서 일이 워낙 복잡했잖아요."

"끄응."

스이엘의 말이 맞는 듯해서 메타트론은 신음성만 흘렸다. 그러다 장흥억에게 묻는다.

"이 말이 사실이더냐?"

"맞습니다. 메타트론님. 저희 클랜이 지난 세월 동안 은거할 수 있었던 건 미카엘라님의 후원이 있었기 때문입니다. 그런데 미카엘라 클랜과 다툼이 있으셨다고 해서 저희 쪽에서도 말씀드리기 어려웠죠. 일단 상황도 제대로 모르기도 하고요. 가서 판단한 뒤에 말씀드리려고 했습니다."

메타트론은 고개를 절레절레 젓는다.

"대체 상황이 어찌 되어가는 건지. 스이엘이여. 그간 있었던 일을 말해 보거라. 일단 듣고 결정하겠다."

메타트론의 말에 스이엘은 그간 노량진에서 있던 일을 줄줄이 늘어놓는다. 우리엘의 배신에 대해 얘기할 때 우리 모두가 크게 놀란 건 말할 필요도 없다.

"이상한데? 우리엘은 우리를 구해줬다고요."

스이엘은 답답하다는 듯 자기 가슴을 때린다.

"그게 다 이유가 있어서 그런 거라고, 유제아. 맹세 때문에 말도 못하고 나도 죽겠네."

이 일에는 내가 파악하지 못한 사정이 있는 게 확실하다. 지금까지 본 것과 다른 사정 말이다. 미카엘라는 그 점에 대해 스이엘이 말하지 못하도록 사전에 맹세로 묶어 두기까지 했다.

"대체 아군을 배신한 우리엘은 왜 우리를 도운 것이란 말이냐. 본녀는 참 알 수 없구나."

메타트론은 혼란스러운 듯했다. 나 역시 마찬가지였다.

"가서 미카엘라에게 직접 듣는 수밖에 없어. 결국 노량진으로 쳐들어간다는 점은 달라진 게 없다고."

내 말에 스이엘이 끼어든다.

"그런데 말이지. 사실 미카엘라님이 그때까지 살아계실지 모르겠네, 유제아."

"네? 그게 무슨 소리입니까?"

스이엘은 곧 미카엘라가 대군주급 르카를 제거하기 위해 위험천만한 작전에 나섰다는 얘기를 했다.

"그 얘기를 왜 지금 합니까?"

"말할 기회를 줬어야지! 제발 좀 도와줘. 아마도 미카엘라님은 지금 위험한 상황이라고 생각해."

미카엘라의 현 상황은 정확히 알 수 없다. 공연히 끼어들었다가 그녀의 작전을 망칠 수도 있고. 게다가 합류한 구 산달폰 클랜의 헌터들을 내버려 두고 나랑 메타트론만 먼저 가는 것도 무리다.

애초에 메타트론만 믿고 따라온 자들인 데다가 강원도에 오래 살아서 현재 서울의 몬스터 상황에 무지하다. 이제부터 서울 강남 지역을 가로질러 노량진까지 가야한다. 하니 이들만 두고 가는 건 무리다.

게다가 노량진에 가득 찬 몬스터들과의 싸움도 생각해 보면 반드시 강력한 통솔자가 필요했다. 노량진의 다른 클랜과의 연계도 생각해 봐야 하고. 갑작스럽게 사라진 줄 알았던 산달폰 클랜이 나타났다고 하면 혼란이 있지 않겠는가. 그러니 이를 설명할 인물이 필요했다. 만약 불협화음이 일어난다면, 힘과 권위로 그것을 찍어 누를 이는 서열 1위의 메타트론이 제격이었다. 이런 점을 메타트론과 논의하자 그녀는 나 먼저 스이엘을 따라가는 게 어떠냐고 한다.

"미카엘라를 구해야 모든 일이 왜 이렇게 된 건지 들을 수 있지 않겠느냐? 게다가 현재 노량진의 전황은 대군주급 몬스터를 쓰러뜨리지 않고는 반전시키기 어려워 보이는구나. 미카엘라가 과감한 수를 쓴 이 기회에 함께 적의 수괴를 잡는 것도 좋을 것 같다."

나 역시 고개를 끄덕였다.

"좋아. 하지만 우리가 겪은 배신에 대해 넘어갈 생각은 없어. 그저 미카엘라가 몬스터의 손에 죽게 내버려 둘 수 없기 때문이야. 그 여자를 처벌한다고 하면 몬스터가 아닌 우리가 해야 해."

"동의한다. 그 잘난 척하는 콧대를 꺾어주는 건 본녀가 했으면 좋겠구나. 그 전에 몬스터에게 죽으면 곤란하지."

이렇게 합의가 되고 스이엘과 먼저 출발하게 됐다. 메타트론은 먼저 움직이는 우리를 배웅한다.

"아무래도 사람이 많은 데다가 지상으로 이동하니 시간이 걸릴 수밖에 없다. 하지만 최대한 빨리 노량진에 도착하도록 노력하겠다."

"알겠어."

"힘든 일을 맡긴 것 같아 미안하구나."

"우리 사이에 그런 소리는 하지 않아도 돼."

그렇게 메타트론과 일별하고 나는 스이엘과 함께 날아올랐다. 비행을 위해 장흥억에게 마법 날개를 빌렸다. 제법 비싼 아이템이라 가지고 있는 이가 많지 않다. 이런 게 수백 개 있었으면 이리 먼저 출발할 것도 없이 다 같이 날아갈 수 있을 텐데.

처음 써보는 마법 물품이지만 비행 자체는 어렵지 않게 해낼 수 있었다. 화신으로 변한 뒤 여러 번 날아봤기 때문이었다. 그렇게 비행하면서 옆을 보니 스이엘이 켕기는 게 많아서 그런지 찔끔 한다.

"왜, 왜?"

"이번 일이 어떻게 끝나던 간에 대가를 치르셔야 할 겁니다."

"그래, 각오는 돼있어. 이 정도 일을 벌이고도 아무 일도 없었다는 듯 넘어갈 생각은 없다고. 많은 게 변하더라도 감내할 거야. 솔직히 지금 나서주는 것만 해도 엄청나게 고마운 걸."

"…다 과거에 제게 베푸셨던 선의 덕분입니다."

"에헤헤. 그래두길 잘했구나."

예전에 스이엘은 전재산을 내게 투자해줬던 적이 있다. 그건 호방하고 무척 배포가 큰 일이었다. 솔직히 나라면 생판 처음 보는 사람을 위해 그렇게 못 한다. 그건 스이엘이였기에 가능했던 부분이다. 그래서 그녀의 미심쩍은 배신에 대해 판단을 보류했다.

"가보면 다 알겠죠."

많은 게 담기 내 말에 스이엘은 고개를 끄덕거렸다.

노량진의 서북쪽.

과거 수산시장이 있던 장소이다. 이제는 그저 평탄화 된 대지일 뿐, 주변에 부서진 건물 콘크리트가 어지러이 널려있는 지저분한 장소다. 그 가운데 있는 제법 넓은 공터에 위대한 존재 둘이 마주보고 있었다.

태양의 대천사 미카엘라.

극염의 대군주 르카.

오랜 세월 다퉈온 그들은 원수 같이 싸워왔다. 때때로 드물게는 협력하기도 했다. 이래저래 인연이 깊다고 할 수 있는데 이렇게 서로 만나는 건 처음이었다.

-미카엘라! 내 오랜 숙적이여. 마침내 그대를 만나게 되었군. 그것도 가장 극적인 무대에서! 싸움에서 패한 자가 나락으로 떨어진다니 생각만 해도 흥분되는 일이 아닌가!

르카는 흉악한 이빨로 가득한 입을 그르렁거리며 말한다.

미카엘라는 그런 그를 보고 냉소한다.

"무척 기분 좋은 얼굴인 걸 보니 내게 해를 입힐 생각이 가득한 거 같구나."

-쿠하하하! 어디 이 몸만 그러겠느냐! 거울이 있다면 본인의 얼굴을 보라, 미카엘라. 그대 역시 이 몸을 헤치고 싶은 생각이 가득한 것이다! 이 르카, 지금까지 두려움을 모르고 살아왔으나 그대의 얼굴에 온 몸이 오싹거린다!

미카엘라는 과연 르카의 말대로 자신의 얼굴이 비틀어져 있음을 깨달았다.

"엄살을 부리는구나, 르카. 이렇게 티 나는 함정을 만들어 놓고도 말이야."

미카엘라는 주변을 둘러보며 비웃음을 머금는다.

부서진 건물의 그늘 아래 그녀를 노리는 괴물들이 하나 둘 모습을 드러낸다. 군주급 몬스터가 둘, 고위 몬스터가 열 마리다. 단신으로 찾아온 미카엘라에겐 승산이 없는 싸움이었다. 고위 헌터 넷이 미카엘라를 따라왔지만 그들은 그녀가 이곳까지 이르도록 중간 중간에 몬스터를 유인하는 임무를 맡았다. 하여 미카엘라가 르카 앞에 도착했을 때는 주위에 아무도 없다.

-알고도 들어온 건 그대다.

르카는 이미 미카엘라가 상황을 반전시키기 위해 자신을 노릴 걸 예상하고 있었다. 그는 오랜 시간 미카엘라와 주거니 받거니 하며 다퉈온 존재다. 누구보다 미카엘라란 적에 대해 잘 알고 있었다.

-미카엘라, 자신의 실력에 그렇게 자신이 있는 건가?

"어차피 쉽게 끝날 거라고 생각하지도 않았다. 함정이든 아니든 모조리 깨부수면 그만일 터. 서열 1위가 된 내 힘, 똑똑히 보여주지."

-크하하하! 과연 그대다운 말이군. 그렇다면 스스로 자신의 말을 증명해 보도록! 쳐라!

르카의 말에 반응해 고위 몬스터들이 흉악하게 달려든다. 당장이라도 미카엘라를 찢어발길 듯한 기세였지만 그녀는 침착했다. 그저 담담히 힘을 일으킬 뿐이었다.

쿠아아아앙!

그녀의 주위로 선명한 태양광이 작렬하더니 달려들던 고위 몬스터들이 우르르 나가떨어진다. 그 모습에 르카는 호탕하게 웃는다.

-크하하하! 역시 태양처럼 강하군. 하지만 사실 그대는 약하다.

"그게 무슨 소리냐."

-이 몸은 사실 다 알고 있지. 그대가 노량진에서 메타트론을 몰아내며 사단을 일으킨 게, 권력욕이 아니라 그저 유약한 동정심 때문이었다는 걸! 그대들이 우정이라고 부르는 그 하찮은 감정 말이다!

"흥! 헛소리!"

미카엘라는 즉각 쇄도해서 태양광을 뿜어내는 지팡이를 찔러왔다. 르카는 슬쩍 뒤로 물러났고 군주급 몬스터 둘이 끼어들어 그 일격을 받아낸다.

-르카시여, 태양의 목을 따서 당신의 영광에 바치겠습니다!

한 군주급 몬스터의 말에 미카엘라는 분노했다.

"감히! 네깟 놈들이 나를 막으려 하느냐!

콰아아앙!

두 군주급 몬스터가 붙잡고 있던 지팡이가 폭발하면서 그들은 뒤로 포탄을 맞은 것처럼 날아갔다. 이 광경에 르카는 더욱 유쾌해한다.

-이 몸은 그대가 권력과 힘이 탐나 메타트론을 몰아낸 게 아니란 걸 알고 있다. 설령 그대와 같은 편들이 그대를 오해해도, 적인 나는 그대의 진심을 알고 있지. 이것 참 우습지 않은가? 크크크!

미카엘라는 입술을 잘근 깨물었다. 확실히 르카의 말은 그녀를 초조하게 만들고 있었다. 그리고 그 순간 르카가 숨겨둔 수를 개방했다.

콰아아아앙!

대폭발이 일어났고 미카엘라는 피를 흘리며 뒤로 튕겨나갔다.

-크하하하핫!

르카는 현재 상황이 재밌다는 듯 커다란 주먹으로 땅을 치며 웃는다. 놀라운 건 폭발과 함께 그의 모습이 변해 있었다는 것이다. 아마 그 폭발은 르카가 변신하며 자연스럽게 일어난 것 같았다.

평소보다 배는 덩치가 커진 그는 전신이 용암과도 같은 모습이었다. 검게 타버린 딱딱한 부위와 선홍색으로 열기를 뿜어내는 부위가 모여 그의 괴물 같은 몸을 이루고 있었다. 등 뒤와 머리에는 갈기처럼 화염이 일렁인다.

르카의 머리는 컸고, 도저히 받치고 있기 힘들 것 같은 거대한 뿔이 돋아 있었다. 또한 커다란 입에는 단검 같은 이빨이 가득하다. 그는 마치 지옥의 현신과도 같아 보였다. 르카는 잔뜩 빈정거리는 어투로 상처입은 미카엘라를 조롱한다.

-이 몸도 처음에는 그대가 권력욕에 미쳐 메타트론을 내쳤다고 여겼지. 그리고 우리가 침공하게 유도한 것조차 내부 결속을 다지고 자신의 지위를 공고히 하기 위한 것이라 생각했다. 하지만 조금 더 생각해 보니까 아니더군. 그대는 그저 친구가 미쳐 날뛰기 전에 피신시킨 것뿐이야. 방법이 무척 과격하긴 했지만, 그 고집불통의 서열 1위에겐 그런 식이 아니면 통하지 않았겠지. 이 몸의 말이 틀렸나? 미카엘라? 크크크크! 결국 그대를 이해해주는 건 생사대적인 이 몸이다! 이 얼마나 아이러니한가!

고성을 지르자 르카의 몸이 더욱 부풀어 오른다. 그리고 몸의 이곳저곳에 난 구멍에서 화염과 증기가 뿜어져 나왔다.

-대답해 보라! 미카엘라!

르카는 불타는 주먹을 휘둘렀다. 그 일격은 단번에 미카엘라를 끝장낼 것 같았다. 하지만 미카엘라는 미끄러지며 그 일격을 피하더니 르카의 팔위에 올라탔다. 그리고 지팡이를 르카의 얼굴을 향해 휘둘렀다.

-크아악!

르카는 그 치명적인 공격을 간신히 피했지만 자신의 자랑인 거대한 뿔 한쪽을 잃고 말았다. 무려 5미터가 넘는 두꺼운 뿔이 잘려 허공으로 날아오른다. 하지만 미카엘라는 그걸로 그치지 않고 곧장 반짝이는 무수한 빛을 르카에게 기관총처럼 쏘아냈다.

-이 빌어먹을 년이! 크아아악!

짧은 순간 수백 발의 빛에 격중된 르카는 고통을 터뜨리며 뒤로 쓰러진다. 그런데 그때 군주급 몬스터들이 다시 끼어든다. 하나가 미카엘라의 발목을 잡아 넘어뜨리자 다른 하나가 등 뒤에 올라탔다. 그리고는 곧장 날개 하나를 잡아 뜯는다.

"으으윽!"

미카엘라는 이를 악물고 버텼지만 날개 하나가 뽑혀나가는 격통에 눈앞에 새하얗게 변하는 걸 느꼈다. 하지만 고통은 그걸로 끝이 아니었다. 군주급 몬스터가 힘을 발휘한 틈을 타고 고위 몬스터들까지 우르르 달려들어 미카엘라를 공격한 것이다.

움직이지도 못하게 미카엘라를 내리찍은 그들은 사정없이 걷어차고 물어뜯기 시작했다. 이러다가는 이 아름다운 태양의 대천사가 사방으로 찢어져버릴 것 같았다. 하지만 그때 하늘 위에서 별과 같이 빛나는 빛이 연달아 떨어져 내린다. 그리고 빛은 미카엘라를 난도질하던 몬스터들에게 적중했다.

미카엘라의 비기인 데이스타였다.

이 강력한 기술은, 하늘 위에서 무수히 빛을 떨어뜨린다. 그리고 그 빛은 강한 절단력과 함께 희생자의 몸에 파고든 뒤 폭발한다.

콰아아앙! 콰앙! 쾅! 쾅! 쾅!

폭음이 연달아 터지더니 허공으로 피를 뿌리며 몬스터의 팔다리와 살점이 낭자한다. 이 공격으로 고위 몬스터들은 전멸, 군주급 몬스터는 치명상을 입고 허둥지둥 물러났다.

"후우, 후우, 후우."

그러자 미카엘라는 숨을 몰아쉬고 겨우 일어났다.

하지만 그녀의 꼴을 비참했다. 여섯 장의 날개 중 성한 건 딱 한 장뿐이었다. 모두 부러지고 뽑혔다. 그리고 그녀의 몸은 피투성이였다. 자신과 적의 피로 흠뻑 젖어 처음부터 미카엘라의 피부가 적색이었던 것 같은 착각을 불러일으킨다. 하지만 그런 참담한 꼴에도 적을 쏘아보는 연두색 눈동자만은 한낮의 태양처럼 이글이글 타오르고 있었다.

그녀는 몸을 일으키는 르카를 쏘아보며 말했다.

"네놈의 이해 따위는 필요 없다. 몬스터에게 동정 받는다는 건 어차피 아무도 날 알아주지 않는 것과 같은 소리일 테니. 부인하지 않으마."

-흥! 여전히 기세는 좋으시구먼! 그 피칠갑을 한 꼴로.

르카가 다시 싸움을 시작하기 위해 어깨를 푸는 사이 미카엘라는 피범벅인 얼굴을 손으로 닦아낸다.

"과거 산달폰이 죽었을 때 맹세했다. 소중한 것을 지키기 위해서는 뭐든지 해야 한다고. 인정이 없다는 소리를 들어도 상관없다. 냉혈한에 배신자란 말을 들어도 상관없다. 너희 같이 지독한 놈들을 상대하려면 이쪽도 그 이상 악독해질 필요가 있다는 걸 알았다."

-대단한 각오로군. 천사들은 보통 맹탕이던데 그대는 다르군. 정말 마음에 들어. 크크크큭!

르카는 과장된 태도로 박수를 쳐준다. 그가 박수를 쳐줄 때마다 먼지 가득한 허공에 불티가 잔뜩 튄다.

"이번에는 반드시 지키고 말 테니까. 더 이상 네놈들에게 아무 것도 잃지 않겠다."

거기까지 말한 미카엘라는 잠시 숨을 골랐다.

"잃는 건 나 자신이면 족해."

메타트론과 산달폰은 자매답게 너무나 닮았다고 미카엘라는 생각해왔다. 그녀는 줄곧 걱정스러웠다. 이대로 두고 보면 메타트론 역시 산달폰 같은 최후를 맞이할까 싶어서.

-그래서 친구의 뒤통수를 친 건가!

르카는 다시 한 번 거센 기세로 들어온다. 그의 몸은 이제 살아있는 활화산 같았다. 용암이 몸 이것저것에 터져오며 사방에 뿌려지고 있었다. 하지만 미카엘라는 도망치지 않았다. 부딪쳐 오는 르카의 공격을 그대로 받아냈다.

콰아아앙!

다시 한 번 폭발이 일어난다. 미카엘라는 곧장 반격에 나섰고, 둘 중 누가 작은 실수만 해도 끝날 것 같은 살벌한 싸움이 전개된다.

"르카, 너는 이해가 되나! 불의와 타협하는 게 싫다고, 몬스터 웨이브를 단 둘이서 막겠다고 결정한 게? 메타트론과 그녀의 화신 둘이서."

-뭐라? 크하하하하! 정말 걸작이군.

주먹을 휘두르며 르카는 못참겠다는 듯 웃어댄다.

-황당한 얘기로 들리겠지만, 내 생각에는 결국 그녀가 우리와 싸울 방법을 찾았을 것이라고 생각한다. 무엇보다 몬스터의 심장부에 난입해 왕을 찌르고 도망간 여자다. 설령 화신과 단 둘이라고 해도 방심할 수 없지.

미카엘라 역시 그 점은 동의했다. 메타트론의 존재는 그 정도였다. 단신으로 버티고 있어도 몬스터 웨이브를 일으킨 대군주급조차 전력을 다해 상대해야 한다.

"하지만 메타트론은 산달폰처럼 싸움의 열기에 빠져 스스로를 불태워버리는 녀석이다! 몬스터 웨이브라는 거대한 해일을 상대로도 어쩌면 메타트론은 이길지도 모르지. 하지만 결국 아무 것도 남지 않을 거다. 지금까지 그녀가 그랬던 것처럼 주위의 모든 걸 잃어버리겠지. 하지만 이번만은 그래서는 안 된다. 그녀는 변하려고 하고 있어. 그러니 과거의 일을 반복하게 둘 수는 없다!"

콰아아아앙!

미카엘라가 마지막 힘을 짜낸 필사의 일격이 작렬한다.

좌아아아악!

르카의 거대한 몸이 뒤로 주욱 밀려난다. 그의 가슴팍에는 어느새 커다란 구멍이 뚫려 있었다. 하지만 그것뿐이었다. 대군주급 몬스터인 그는 이 정도 상처는 충분히 견뎌낼 정도로 끈질기고 터프했다.

반면 전신이 너덜너덜해진 상태에서 비장의 수를 쓴 미카엘라는 눈에 띄게 헐떡이고 있었다. 애초에 무리한 싸움이었다. 그녀는 이제 힘을 잃어가고 있다. 더럽혀지긴 했지만 여전히 아름다운 그녀의 황금빛 깃털이 힘을 잃고 떨어져 사방으로 흩날린다. 그 광경에 르카는 여유를 찾고는 한껏 거들먹거리는 태도가 됐다.

-정말 눈물 나는 우정이로군! 아니, 산달폰을 향한 마음의 짐인가!

"…뭐라 표현하든 상관없다. 하지만 이번에는 과거와 다를 거야. 내가 왜 웨이브를 유도하려고 했는지 아나. 그리고 땅을 나눠준다고 하며 헌터들을 집결시켰는지 아느냔 말이다. 바로 여기서 이 모든 싸움을 끝내버리기 위해서다."

미카엘라는 싸움이 끝난 이후에 안전해진 땅을 메타트론에게 돌려줄 생각이었다. 천사의 율법을 교묘하게 이용해 그녀가 멋대로 헌터에게 토지를 분배했던 걸 무효화시킬 방법을 쓸 예정이었다. 대신 그녀의 신망은 추락하고 천사와 헌터들에게서 온갖 원망을 받게 되겠지만, 이제 미카엘라에게 그런 점은 상관없었다.

과거에 자신의 정치적 지위와 위치 때문에 망설이다 산달폰을 제때 돕지 못했다. 하지만 이번에는 다르다고 미카엘라는 생각했다. 찬란한 태양의 대천사에서 사기꾼으로 전락해도 상관없었다. 그녀는 매사 무모해서 늘 걱정하게만 만드는 친구를 위해 움직였다.

-미카엘라, 가련한 천사여. 네가 그렇게 사랑해마지 않는 녀석은 네 마음을 알지 못할 것이다. 오히려 너를 원망하겠지.

퍼억!

르카의 주먹이 작렬했다.

미카엘라의 치아가 하늘로 튀어 올랐다. 그리고 다음 순간 미카엘라는 뒤로 날아가 처박혔다. 그녀는 죽은 듯 미동도 하지 않았다. 그러자 상황을 지켜보고 있던 두 군주급 몬스터들은 큰 소리를 내며 기뻐한다.

르카는 두 군주급 몬스터의 축하에 두 손을 들어 올리며 화답한 뒤 당당하게 걸어갔다. 그리고는 뻗어 있는 미카엘라의 금발을 잡아서는 들어올렸다.

미카엘라의 꼴은 엉망이었다.

코뼈가 부러져 코가 뒤틀어져 있고 한쪽 눈은 심하게 부어 눈동자가 보이지도 않는다. 평소 누구보다 아름다운 그녀였기에 이런 꼴은 충격적이기까지 했다. 뒤틀린 코에서는 끊임없이 끈적한 코피가 흘러내리고 있었다. 르카는 그런 꼴을 보며 입꼬리를 올렸다.

-보라, 자기 자신을. 언제나 우정의 끝은 이런 꼴이다.

"…상관없다. 이번에는 그녀의 부탁을 들어줄 수 있으니까."

과거 미카엘라는 메타트론과 약속했다. 단순한 내용이었다. 천박지축인 여동생이 걱정스러웠던 메타트론은 미카엘라에게 산달폰을 돌봐달라고 부탁했다. 미카엘라는 우정으로 그것을 수락했다.

하지만 지키지 못했다.

그리고 산달폰이 죽어가던 그 순간, 무모한 언니가 걱정스러웠던 그녀는 미카엘라에게 유언을 남겼다.

언니를 부탁해.

미카엘라는 자신이 약속을 지키지 못해 잃어버려야 했던 그녀를 위해 이번만큼은 무슨 짓이라도 하겠다고 맹세했다. 그래서 설령 어떤 대가를 치른다고 할지라도, 미카엘라는 감내할 작정이었다. 이런 것을 보면 미카엘라 자신은 모르겠지만 그녀 역시 메타트론과 무척 닮은 존재였다.

유유상종이라고 할 수밖에 없을 정도로.

과거 메타트론은 클랜원과의 약속이라는 보이지 않는 것에 매달려 모든 걸 버리고 떠돌았다. 결국 위대한 대천사인 그녀는 모두에게 가출천사란 비아냥거림이나 당할 수밖에 없었다.

그리고 지금 미카엘라 역시 산달폰과의 약속이라는 보이지 않는 것에 매달려 오명을 뒤집어쓰려 하고 있었다. 결국 위대한 대천사인 그녀는 모두에게 사기꾼이란 비아냥거림을 당하게 될 터였다.

또한 메타트론과 미카엘라 역시 싸움 앞에서 자신을 불태워 버리는 성품 역시 똑같았다. 미카엘라는 자신의 가슴에 매달려 있는 신물, 태양의 목걸이를 쓰다듬었다.

-대체 그대가 무엇을 할 수 있다고 그러는 것이냐?

르카의 선홍색 심연과도 같은 눈동자가 미카엘라를 가까이서 관찰한다. 몬스터의 눈에는 경멸이 가득하다.

-왜 패배할 것을 알면서 덤비는 거지? 애초에 무모한 싸움이었다. 그대는 함정인 걸 알고도 덤벼왔다. 나는 그런 미련함을 환멸한다.

"…네깟 괴물이 무엇을 알겠는가."

-소위 말하는 물러날 수 없는 싸움이란 것이냐? 뻔히 보이는 결과를 감내하는, 그런 서글픈 애잔함에 대한 동경인 것이냐? 웃기는군! 그런 멍청함을 거절하는 합리적인 사고를 가진 자가 괴물이라면 나는 기꺼이 괴물로 살아가겠다.

르카의 웃음은 아주 사나웠다. 이해할 수 없는 감정에 커다란 경멸을 느끼는 듯했다.

-너희 천사나 인간들이 말하는, 그 물러날 수 없는 싸움이란 건 개죽음 이상도 이하도 아니다. 누가 그대를 기억하겠느냐? 원망만 남기고 어리석게 죽을 여자여.

그 말에 대한 미카엘라의 대답은 간단했다.

"퉤!"

침과 미처 내뱉지 못한 부러진 치아가 한 덩이가 되어서 르카의 얼굴을 때렸다.

"패배할 걸 알고 덤빈 적 없단다. 멍청한 몬스터."

-끝까지 허세인 것이냐?

대답대신 미카엘라는 르카의 팔을 단단히 붙잡았다. 그리고 숨겨 놓은 금단의 마법을 발동시켰다. 그러자 미카엘라의 신물인 태양의 펜던트가 마력을 달아오르기 시작한다.

-이건!

미카엘라는 당황하는 르카를 보며 크게 웃었다. 앞니가 빠져 바보 같은 모습이었지만 그녀는 개의치 않고 재밌다는 듯 웃었다.

"같이 죽자꾸나. 이 일대를 깨끗하게 청소해 주지."

-이런 정신 나간 년!

르카는 미카엘라가 자폭을 하려는 걸 깨달았다.

-미련한! 자폭이 만능인 줄 아는가! 그깟 위력에 당할까!

사실 자폭이란 기술은 생각보다 힘이 없다. 그렇게 자폭이 강력하다면 숙적을 상대로 자살 테러가 끝없이 일어나야 정상이다. 하지만 현실은 목숨을 건 대가치고는 생각보다 위력이 별로였다. 그래서 전투에서 자폭을 쓰는 경우는 그다지 없다.

처음부터 자폭에 관한 기술을 익히면 다르긴 한데 누가 죽을 것을 전제로 노력을 하겠는가. 그래서 이래저래 쓸모없는 기술이 자폭이었다. 하지만 미카엘라의 경우는 달랐다.

"내 생명에너지를 폭파에 이용하는 그런 자폭이 아니다, 르카. 이건 핵융합 폭파다."

미카엘라의 태양의 펜던트에는 매우 놀라운 기능이 있었으니 좁은 범위에서 핵융합 폭파를 일으키는 힘이었다. 마치 그것은 이름처럼 작은 태양과도 같았다.

일단 마력을 주입하기 시작하면 강력한 마법으로 코팅된 루비 안의 온도는 찰나의 순간동안 1억 도까지 치솟는다. 1억 도가 워낙 짧게 지속되고, 보석 위에 코팅된 마법 덕에 외부에선 전혀 열기를 느낄 수 없지만 말이다.

태양과 다른 지구의 기압 차이 때문에 핵융합을 위해서는 1억 도의 초고열이 필요했다. 그리고 이 초고열이 팬던트의 보석 안에 든 수소화합물을 터뜨리게 된다. 아무래도 보석 안에든 수소화합물의 양이 많지 않은 탓에 위력에 한계가 있었지만, 그럼에도 300미터 범위를 날려버리기에는 충분했다. 이 위력 안에서는 대군주급인 르카도 생존을 장담할 수가 없다.

"달리 자폭인 게 아니다. 이 물건이 터지고 나면 시전자도 살아남을 수 없기 때문에 자폭인 것이다."

애초에 미카엘라의 방식은 흔히 쓰는 자폭과는 전혀 원리가 달랐다.

-이년!

르카는 놀라서 미카엘라의 목에 걸린 태양의 펜던트를 빼앗으려 했다. 하지만 어째서인지 태양의 팬던트가 그의 손에 잡히질 않는다.

-대체 이게 무슨!

당황하는 르카를 보며 미카엘라는 조소한다.

"이제야 볼만한 얼굴이 되었구나. 호호호. 너는 이 펜던트를 쥘 수 없다. 오직 인간과 천사만이 이 펜던트를 만질 수 있지."

-크윽!

르카는 점점 새하얀 빛이 강해지는 팬던트를 보고는 심장이 터질 것 같은 공포를 느꼈다. 그래서 일단 미카엘라를 뿌리치고 도망가기로 결정했다. 대군주급 몬스터로서는 도주가 체면 상하는 일이었지만, 이대로라면 살아날 길이 없었다. 르카는 방어 마법에는 솜씨가 부족한 편이라 핵융합 폭발이 일어나면 자신이 순식간에 증발해 버릴 것을 알았다.

-놔라! 놔!

르카는 큼직한 주먹으로 미카엘라를 두들겨 패기 시작했다. 사방에 선혈이 낭자하며 바닥에 피가 뿌려지고 있었다. 가뜩이나 엉망인 미카엘라의 몸이 만신창의가 되어간다. 하지만 미카엘라는 끈질기게 붙잡고 늘어진다.

"아무리 용을 써도 날 떼어내기는 무리일 거다. 남은 모든 힘을 널 잡고 늘어지는데 쓸 거니까."

-이런 미친년이!

당황한 르카는 주변에 아직 있는 중상을 입은 군주급 몬스터 둘에게 명령했다.

-어서 와서 이 년을 떼어내라!

그런데 놀랍게도 두 군주급 몬스터는 르카의 명에 머뭇거렸다. 평소라면 생각도 할 수 없는 태도에 르카도 순간 아연실색할 정도였다. 그도 그럴게 태양의 팬턴드는 당장이라도 터질 것처럼 새하얗게 달아올랐기 때문이었다. 도망가려면 지금 밖에 없다고, 두 군주급 몬스터는 생각했다. 결국 그들은 주춤주춤 뒤로 물러나기 시작했고 르카는 역정을 내었다.

-감히 내 명령을 거부해!

르카는 고성을 지르며 지배력을 더 강화하기로 했다. 이미 두 군주급 몬스터에게 지배력을 발휘하고 있었지만 이런 생명의 위기에서까지 강제하기엔 부족했던 것이다. 그래서 르카는 지배력을 더욱 강화해 억지로라도 자신의 명령을 듣게 할 작정이었다. 그리고 그건 분명히 통할 터.

푸욱!

자신의 배를 관통한 마법 지팡이만 없었다면 말이다.

-크으윽?

"목전에 적을 두고 한 눈 팔면 곤란하지."

짧은 사이 미카엘라는 바닥에 뒹굴던 마법 지팡이를 허공에 띄운 뒤 쏘아냈던 것이다.

휘청.

그의 몸이 흔들리는 사이 군주급 몬스터들은 황급히 달아나버렸다.

"르카! 발밑을 보거라! 그리고 네 분수에 맞는 운명에 맞닥뜨려라! 너 같이 별 볼일 없는 놈은 이런 흙바닥에 잿더미가 되어 쓰러지는 게 어울린다!"

-네년은 절대 용서할 수 없다!

르카는 더 이상 두들겨 패도 소용없다는 걸 알았다. 그래서 마법을 써봤지만 미카엘라가 높은 마법 저항력을 갖고 있어 소용이 없었다. 그래서 그는 날카로운 발톱으로 미카엘라의 눈알을 후벼 팠다.

"꺄아아아!"

대천사 미카엘라도 이번만큼은 참지 못하고 비명을 질러댔다. 녹색 동공이 보석처럼 예쁜 그녀의 눈이 시신경다발이 늘어진 채 딸려 나왔기 때문이다.

-미카엘라!

뿌드득! 뚝!

시신경다발을 찢으며 기어코 한쪽 눈알을 뽑아버리는 르카. 하지만 미카엘라는 더욱 악을 쓰고 매달린다. 르카는 어떻게든 미카엘라의 팔을 잘라버리려고 했지만, 가녀린 여성의 외형과 다르게 그녀의 팔은 엄청난 내구도를 지니고 있었다.

지금까지 몬스터들에게 엉망으로 얻어터지면서도 신체가 비교적 그대로의 외형을 유지하는 것만 알 수 있는 일이다. 르카는 상대가 자신보다도 더 강건한 육체를 갖고 있음을 인정하지 않을 수 없었다.

"이제 끝이다! 르카!"

-안 돼!

더는 손 쓸 도리가 없었다. 마침내 초고열에 다다른 펜던트가 폭발하기 직전이었다. 르카는 모든 게 끝났음을 깨닫고 속으로 헛웃음이 터졌다.

'이 내가, 이리 허무하게 죽다니. 처음부터 미카엘라의 함정이었구나. 함정에 빠진 건 이년이 아니라 나였어.'

르카는 자신이 죽은 뒤 지배력에서 풀려난 군주급 몬스터들이 어떤 행동을 취할까 걱정스러웠다. 하지만 그 걱정은 이제 그의 몫이 아니었다. 그래서 그는 마지막으로 자신의 가장 강력한 저주를 미카엘라에게 걸었다.

-극염의 르카가 저주한다! 그대는 저주의 힘으로 타락하거나 죽을 것이다! 설령 그걸 견딘다 해도 운명 그 자체를 다시 한 번 저주한다. **그대는 가장 행복한 순간을 보지 못하고 죽을 것이다!**

지독한 저주였다. 즉효성 저주에, 설령 이걸 이겨내도 운명에 재액을 뿌리는 저주를 이중으로 건 것이다. 그건 대군주급 몬스터가 자신의 생명을 도외시한 상황에서나 할 수 있는 것이었다. 강한 저주는 그만한 대가를 요구하기 때문이다. 하지만 미카엘라는 비웃음을 터뜨렸다.

"지금 같이 죽게 생겼는데 그만 저주가 다 무슨 소용인 거지!"

-네년 같이 교활한 년이라면 또 무슨 짓거리로 되살아날지 모르니까! 기왕 같이 죽을 거면 안전장치 하나 더 달아 놓는 것도 나쁘지 않다!

"흥! 걸어도 별 시답잖은 저주를 거는구나! 뭐라? 가장 행복한 순간을 보지 못하고 죽는다? 어디 동화책에 나오는 이야기인가!

-악에도 악의 지혜가 있다! 미카엘라! 죽음을 앞둔 이 순간 그 지혜가 네년이 가장 고통스러울 저주를 고른 것일 뿐!

곧 르카의 저주가 미카엘라의 몸을 파고들자 그녀는 비명과 함께 몸서리쳤다.

"꺄아앗!"

저주는 성공적으로 걸렸지만 핵융합 폭파를 막진 못했다.

'메타트론, 미안해. 산달폰을 돌봐달라는 부탁은 저승에서 지킬 테니까….'

이제 핵융합 폭발을 저지할 건 아무도 없었다.

그런데 그때.

검은 옷을 입은 누군가가 이 파멸의 한가운데로 끼어들었다.

"미카엘라!"

그 외침과 함께 무언가 엄청난 속도로 날아와 땅에 착지했던 것이다.

쌔에엥! 콰아앙!

흙먼지가 자욱하게 일어난다. 착지라기보다 포탄이 떨어진 것 같았다.

"무슨?"

당황하는 미카엘라. 그도 그럴 게 나타난 남자는 생각지도 못한 존재였기 때문이었다. 그는 성큼성큼 다가오더니 너무나도 간단하고 쉽게 미카엘라에게서 태양의 펜던트를 빼앗는다. 마치 어린 아이에게서 위험한 물건을 가져가는 것처럼 단호하면서도 상냥한 손길이었다. 그러자 펜던트로 향하던 미카엘라의 마력공급이 끊겼고 보석의 작동이 멈췄다. 놀란 미카엘라는 하나 밖에 남지 않은 눈을 치켜떴다.

"그대는……."

남자는 말없이 미카엘라를 내려다보았다. 그러다 들고 있던 방패를 들어올린다. 당장이라도 내려찍을 듯한 모습이었다. 미카엘라는 그 사내에게 지은 죄가 있었기에 반항할 엄두도 내지 못하고 눈을 질끈 감았다.

콰아앙!

그런데 폭음과 함께 날아간 건 미카엘라가 아니었다. 미카엘라가 눈을 떠보니 대군주급 몬스터 르카가 40미터 이상 날아가 폐건물에 처박혀 있었다. 미카엘라는 지금 이 상황을 도저히 믿을 수가 없었다.

쿵. 쿵. 쿵.

가슴이 미친 듯이 뛰었다.

지금 상황이 도저히 현실 같지 않았다.

혹시, 손을 뻗으면 닿을까.

미카엘라는 엉망이 된 손을 내밀었다. 그러자 남자는 그녀의 손을 마주 잡아줬다.

"미카엘라. 빚을 갚으러 왔다."

"……아."

미카엘라는 자신이 구원 받았음을 확신했다.

일전에 스스로 나락으로 밀어버린 남자의 손에 의해서.

최악의 순간만은 넘긴 것 같다. 스이엘과 함께 오면서 태양의 펜던트가 가진 기능을 미리 듣길 잘했다. 나는 물끄러미 빼앗은 펜던트를 바라보았다. 여전히 달아올라 있어 아직 위험해 보였다.

"스이엘에게만 말했다고 하더군. 이 펜던트의 자폭기능을."

이제 그냥 미카엘라에게 말을 놔버렸다. 당한 게 억울해서 별로 존대해주고 싶지도 않았다.

"여기까지 오면서 스이엘이 걱정하더라. 최악의 사태가 오면 이걸 발동시킬지도 모른다고. 그 목숨 구한 거 스이엘에게 감사하도록 해."

"네가 무슨 짓을 한 건지 아니?"

미카엘라는 복잡한 표정이었다.

"방해를 했지?"

"가만히 내버려뒀으면 대군주급 몬스터를 죽일 수 있었다."

"그래, 하지만 너도 죽었겠지. 메타트론과 내게 그런 짓을 해놓고 아무런 책임도 지지 않고 말이야. 명색이 태양의 대천사께서 너무 무책임하지 않나? 응? 그 어깨에 짊어진 게 그리 많으면서 죽음으로 모든 걸 끝내려고 했나?"

"그러면 어쩌란 말이니! 이 뻔한 함정에 들어와 르카를 죽일 방법은 그것 밖에 없었다고!"

나는 대답대신 마법 주머니에서 회복 포션을 꺼냈다. 구할 수 있는 것 중 가장 좋은 것이다. 미카엘라의 처참한 몰골은 제대로 회복시키긴 무리지만 움직일 정도로 만들어주긴 하겠지.

퐁.

마개를 딴 뒤에 포션을 미카엘라의 정수리에 부었다.

줄줄줄.

점성이 있는 포션이 미카엘라의 얼굴과 목덜미로 끈적하게 흘러내린다. 미약하긴 하지만 그녀가 입은 상처들이 회복되어 간다.

"그러니까 내가 온 거다."

"뭐?"

"일어서, 미카엘라."

나는 비틀거리는 그녀를 일으켜 세웠다. 그리고 건물의 묻혀있던 잔해에서 몸을 빼내고 있는 대군주급 몬스터를 가리켰다.

"저건 네가 할 속죄의 끝이 아니다. 시작일 뿐이다. 그러니 계속 살아줘야겠어."

"그대……."

"왜? 포션이 부족했나? 한 병 더 부어줄까? 혹시 그런 끈적거리는 플레이 좋아하는 거야?"

"감히 태양의 대천사에게 반말을 하는 걸로도 모자라 그리 천박한 소리를 지껄이다니."

다소 분한 듯한 미카엘라의 표정을 보며 나는 안심했다.

"이제야 좀 정신이 돌아오는 모양이지? 그나저나 안 본 사이에 표정이 풍부해지셨구먼, 태양의 대천사 나리. 아니, 눈알 하나가 빠져서 그런가?"

"그대도 안 본 사이에 비아냥거림이 늘었구나. 마치 불량배처럼 말하는군."

"하하하. 순진하게 살다가 누군가에게 뒤통수를 세게 맞으면 다들 그렇게 변하는 법이지."

"……."

"미카엘라. 이번 일에는 영 석연치 않은 구석이 많아. 이 싸움이 끝나면 직접 들어야겠어."

"…특별히 바뀌는 건 없단다. 나는 그대와 메타트론을 배신했지. 그것뿐이다."

오리발을 내밀겠다 그거군. 하지만 그대로 납득하기에 이 번 일은 이상한 게 많다. 우리엘이 배신해서 이 사단이 난 거라고 들었다. 나와 메타트론을 도와줬던 우리엘이 정작 몬스터와 내통한 배신자라니? 게다가 무언가 중요한 진실에 대하선 입을 다물고 있는 스이엘의 태도, 미카엘라가 지금까지 계속 산달폰 클랜을 후원했던 것 등, 걸리는 게 한두 가지가 아니다. 이런 상황에서 눈앞에 보이는 것만 곧이곧대로 믿는 건 바보다.

"걸을 수 있으면 뒤로 빠져 있어. 방해다."

"하지만 그대 혼자 르카와 싸울 수는!"

"자기 앞가림도 못하는 녀석이 무슨 소리냐. 내가 왜 회복 포션을 사용한지 알아? 걸리적거리지 말고 물러나라고 한 거다."

미카엘라는 치열한 싸움으로 부상이 심각하다. 모르긴 몰라도 아까 태양의 목걸이의 마법을 발동하면서 남은 힘을 모두 밀어 넣었겠지. 그게 실패한 이후 지금 그녀는 완전히 전력외다.

"자고로 주인공은 나중에 나타나는 법. 그전까지 무대 마련해 주느라 수고했어, 미카엘라."

"무어라?!"

필사의 노고를 내가 무대 마련으로 폄하하자 미카엘라는 발끈한다. 그러거나 말거나 나는 그녀의 손에 무언가를 쥐어준 뒤 뒤로 밀었다.

"이건?"

"초코우유다."

"이걸 왜?"

"언젠가 메타트론이 그러더군. 자기는 절대 초코우유를 남에게 안 주지만 유일하게 나눠줄 수 있는 친구가 하나 있다고."

"……."

"너도 알 거 아냐. 녀석이 초코우유에 대한 집착을. 그런데 그런 녀석이 자기 친구에게만은 초코우유를 나눠줄 수 있다고 하더라."

미카엘라는 말없이 내 얘기를 듣는다.

"있지, 나는 말이야. 사실 복잡한 건 잘 몰라. 정치도 계략도 모두 잘 모르지. 하이에나로 오랜 세월 쫓기며 살아남기 위해서만 지내왔거든. 요컨대 현장파 말단 사원이라고. 그러니까 너 같이 높은 곳에선, 사장 계급의 녀석들이 대체 무슨 흉계를 꾸미며 살아가는지 잘 모르겠다고."

나는 미카엘라를 바라보다 고개를 돌렸다.

대군주급 몬스터가 이제 완전히 몸을 일으킨 채 이쪽을 노려보고 있었다. 증오로 가득 찬 맹수의 눈동자가 서슬 퍼랬다. 르카란 이름이었나?

"그러니까 내가 확실히 아는 하나만 믿어 보려고. 아무리 모든 상황이 배신이라고 말하고, 아무리 모든 정황이 속임수라고 말하더라도, 그래도 말이야. 그날 메타트론이 네게 초코우유를 줄 수 있다고 했던 그 녀석의 안목만은 믿어."

내 뒤쪽에서 간신히 숨을 삼키는 듯한 소리가 들려온다. 그 소리는 억지로 무언가를 간신히 참는 듯했다. 나는 그런 그녀에게 빨대를 어깨 뒤쪽으로 던져 줬다.

"빨대 꽂아 마셔. 그냥 마시는 건 그녀석의 미학에 반하니까."

그리고 다음 순간 나는 지면을 거의 부수면서 앞으로 튀어나갔다.

콰아아앙!

현현 후 특수 능력인 돌진이었다.

"크아아아압!"

볼살이 찢어져 뒤쪽으로 길게 늘어져 버릴 것 같다. 나는 그 정도의 압력을 뚫고 앞으로 쏘아졌다.

-쿠아아아아!

르카 역시 악귀와 같은 눈으로 내게 돌진해 온다. 이 위대한 몬스터는 갑자기 나타난 나에게 당해 폐건물에 처박혔다는 것에 크게 분노한 듯했다.

굉장히 자존심 상했겠지.

"르카!"

-죽어라! 헌터!

분노에 차 서로를 부른 그 순간 우리는 충돌했다.

콰아아아아아앙!

태양신격의 방패와 르카의 불타는 거대한 주먹이 상격하자 동그란 충격파가 일어난다.

"크윽!"

순간 내 볼이 입에 에어 콤프레셔를 쏜 것처럼 부풀어 오르며 출렁인다. 그리고 빛이 일대를 집어삼킨다.

쿠아아아아앙!

고막을 찢을 것 같은 폭음과 함께 나는 허공으로 띄워졌다.

지이잉-

듣기 싫은 이명만이 울린다. 몸 이곳저곳에 작은 불이 붙어 있었다. 빌어먹을. 괴물 같은 녀석. 하긴 대군주급 몬스터니 그럴 수밖에.

사실 나는 대군주급 몬스터와 싸우기엔 아직 부족하다. 그래도 미카엘라가 반쯤 떡으로 만들어놨으니 어찌 될 줄 알았는데, 이거 쉽지 않겠구나.

부우우웅!

르카의 거체가 너무나 쉽게 허공으로 뛰어오른다. 그의 민첩함은 마치 거짓 같았다. 그리고 깍지 낀 두 주먹을 머리 위로 드는 르카.

-끝이다! 헌터!

그는 단번에, 인정사정없이 나를 내리친다. 하지만 나도 나름대로 전투의 베테랑. 폭발의 충격 때문에 허공으로 날아가면서도 적의 후속 공격을 예상했었다.

즉각 두 쌍의 날개를 움직여 짧게 움직인다.

부웅!

그것만으로도 르카의 일격은 허공을 갈라버렸다. 그리고 그가 땅에 착지하는 순간 이미 나는 하늘 위로 날아오르고 있었다.

-어리석은! 놓칠 것 같느냐!

비상하는 날 잡으러 불타는 채찍이 뱀처럼 쫓아올라온다. 그리고 순식간에 내 발목을 잡아챘다.

-크하하하하하!

르카는 자신의 솜씨에 감탄한 듯 득의양양하게 웃는다. 하지만 그 순간 나도 웃고 있었다. 오히려 지금 상황이 더 좋았기 때문이다.

-추락하라! 분수를 모르는 인간이여!

르카가 날 잡아당기는 순간 나는 현현 후 특수능력인 낙하를 사용했다. 우룩켈을 끝냈던 그 공격이다. 안 그래도 아래로 빠르게 떨어져야 하는데 적이 자진해서 도와주니 기쁠 수밖에.

-아니! 이런 빌어먹….

르카는 자기 말을 다 끝내지도 못했다.

퍼어어억!

묵직한 소리와 함께 낙하공격에 성공한 내 방패가 르카의 이마를 들이받았기 때문이다.

-그어어어어억!

충격을 받은 듯 르카의 선홍색으로 불타는 눈이 칙칙하게 꺼져버린다.

파지직. 파직.

그리고 무언가 부러지는 소리와 함께 하나 남아있던 르카의 거대한 뿔이 부러져 땅 바닥에 떨어진다. 나는 그걸로 그치지 않고 즉각 연타를 먹이기 시작했다. 한 번 숨을 들이쉰 뒤 죽을 힘을 다해 방패로 르카를 두들겨 팼다. 절대 이놈이 회복할 틈을 줘서는 안 된다. 굴복할 때까지 잠깐의 여력도 주지 않고 단번에 끝낸다!

"오오오오! 크아아아아아아! 으아아아아아!"

기합성과 함께 죽을힘을 다해서 방패를 휘둘렀다.

퍼억! 퍽! 퍽! 퍼억! 퍼억!

중간 중간 뼈가 부러지는 소리가 계속 들려온다. 그리고 더는 방패를 휘두를 수 없을 정도로 신체에 한계가 왔을 때, 마지막 일격을 위해 최고의 힘을 끌어냈다.

"크아아아압! 마지막이다!"

혼신의 힘을 다해 던진 방패가 르카의 가슴팍에 작렬했다.

콰아아아아앙!

르카는 다시 뒤로 날아가 건물 더미에 처박혔다.

쿠아아아아앙!

결국 폐건물이 못 버티고 르카가 쓰러진 곳으로 와르르 무너져 내린다.

"후아, 후아, 후아."

너무나 큰 힘을 짜낸 탓에 팔다리가 모두 후들후들거렸다.

끝난 건가?

제발 이대로 끝났으면… 이쪽은 정말 죽겠다고. 하지만 내 희망은 아무래도 너무 낙관적이었던 것 같다. 갑자기 무너진 건물더미가 폭발하더니 커다란 손이 불쑥 튀어나왔다. 그리고 그 갈퀴 같은 손은 콘크리트 더미를 붙잡는다.

우르르.

부서진 자재가 쏟아지며 먼지를 뒤집어쓴 거체가 몸을 다시 일으킨다.

-크크크크. 크크크크큭! 크크크크하하하하하!

르카는 웃고 있었다. 마치 실성한 것처럼 말이다.

-정말 대단하군. 대단해! 인간 중에 이렇게 할 수 있는 자가 있을 줄이야. 이게 소문으로 듣던 메타트론의 화신인가!

절망적이게도 르카의 상처는 스스로 재생하고 있었다. 이대로라면 그를 이길 방법이 없었다. 하지만 공략법을 고민하기도 전에 나는 고개가 뒤로 꺾인 채 허공을 날아오르고 있었다.

뭐지?

무슨 일이 일어난 거지?

하지만 곧 다시 한 번 충격이 일어났고 땅이 미친 듯한 속도로 다가와 날 때렸다.

"크아아악!"

불행은 그것으로 끝이 아니었다.

"크억!"

입에서 피가 터져 나왔다.

르카가 거대한 발로 내 복부와 하반신을 통째로 짓밟고 있었기 때문이다.

"으아아아아아!"

격통 때문에 쇼크사해도 이상하지 않은 상황이었다. 이 상황에서 숨이 붙어있는 건 순전히 내가 메타트론의 화신이기 때문이었다.

-크크크. 하반신을 짓뭉개버렸군. 그럼 이제 상반신도 똑같이 해볼까?

르카가 웃음을 터뜨리자 커다란 입에서 불길이 침처럼 길게 늘어져 흐른다. 그는 곧장 거대한 주먹으로 내 얼굴을 내려쳤다.

"큭!"

곧장 떨어져 있던 태양신격의 방패를 소환해 막아냈다.

카앙!

날카로운 금속음이 비명처럼 울린다.

카앙! 캉! 캉! 카앙!

완전히 상황이 반전됐다.

이제는 내가 일방적으로 두들겨 맞는 상황이었다.

-얼마나 버틸 수 있을까! 응? 대체 어디서 그런 방패를 구한지 모르겠다만 방패는 멀쩡해도 네놈은 멀쩡하지 못할 것이다!

카아앙! 캉! 캉!

-이 몸은 너 같은 쥐새끼와 달리 지칠 줄을 모르니까! 막을 수 있을 때까지 막아보아라! 지칠 때까지 견뎌보라! 그리고 자신의 자랑인 방패에 깔려 죽어랏!

이 미친놈은 정말로 멈추지 않을 것 같았다. 팔이 당장이라도 부러질 것처럼 아팠다. 아니, 이미 금이 간 것 같았다. 이대로는 희망이 없다. 하반신도 박살났고. 치료 능력을 쓰고자 해도 이대로 밟혀있으니 소용이 없다.

"빌어먹을! 으아아악!"

두 손으로 방패를 썼지만 르카의 주먹이 떨어질 때마다 밀려, 내 주먹이 이마를 강타한다. 정말 이중고였다.

"유제아!"

그런데 그때 미카엘라가 소리친다.

"내 펜던트를 쓰거라! 어서!"

뭐? 그게 무슨?

아! 맞아!

미카엘라에게 빼앗은 태양의 펜던트가 있다. 이건 S등급을 뛰어넘는 대천사용 마법 물품이니 분명 큰 힘이 되줄 거다. 하지만 이래서야 착용할 틈도 없다.

번쩍.

그때 빛이 작렬하더니 르카가 눈을 질끈 감고 비명을 지른다. 그의 안구에서 불줄기가 마치 눈물처럼 흘러나온다. 아마 미카엘라가 간단한 마법으로 그를 방해한 것 같았다.

-이 썩을 년이!

분노한 르카는 나를 내버려두고 미카엘라에게 성큼성큼 걸어간다. 그는 금세 회복해 버린 듯했다. 나는 서둘러 조끼 주머니에 넣어 뒀던 태양의 펜던트를 목에 걸었다. 그러자 그 순간 눈앞에 시스템 창이 뜬다.

태양의 펜던트(S+등급)

이 물건은 태양의 대천사인 미카엘라를 위해 만들어졌습니다. 하지만 미카엘라는 자신의 죽음을 고려해 천사와 인간 진영 소속이면 누구든 사용 가능하게 조치했습니다. 만약 이 물건을 얻었다면 당신은 미카엘라의 총애를 얻고 있는 것입니다.

공격력 +48
생명력 +149
힘 +175
매력 +255
특수능력: 핵융합 폭발, 태양광 정화, 태양의 치유.

태양의 펜던트를 끼자마자 엉망이 된 몸이 맹렬한 속도로 회복되어간다. 가뜩이나 화신 클래스 특전으로 향상된 재생을 갖고 있는 나라서 시너지 효과가 좋았다. 나는 즉각 A등급 스킬인 치료도 사용했다.

"좋아!"

나는 곧장 다시 일어날 수 있게 되었다.

"르카!"

미카엘라를 덮치려는 르카를 불렀지만 그는 돌아보지도 않고 무력한 미카엘라를 집어 들려고 한다. 나는 쏜살같이 튀어나가 르카의 꼬리를 붙잡았다.

지이이익!

고열을 뿜어내는 르카의 꼬리 탓에 손바닥이 타들어갔지만 놓지 않았다. 게다가 태양의 펜던트 덕을 확실히 보고 있었다. 힘이 +175를 받는 바람에 르카와 나 사이의 힘의 상성이 바뀐 것이었다.

-이 무슨!

여태껏 힘으로는 르카를 당해낼 수 없었는데 이제 내가 꼬리를 잡고 끌어당기자 그는 당황한 기색이 역력했다.

"네 상대는 나다! 하아아압!"

있는 힘껏 잡아당기자 르카가 넘어지며 지면에 턱을 성대하게 박는다. 그는 지면을 손톱으로 긁으며 끌려오지 않으려 반항했다. 하지만 볼품없는 꼴로 자신보다 한참 작은 내게 끌려왔다.

-이 작은 인간이!

"왜, 안 믿기나!"

나는 그걸로 그치지 않고 르카의 몸을 원형으로 돌리기 시작했다.

소위 말하는 자이언트 스윙이었다. 처음에는 잘 안 되는 바람에 몇 번 실패했지만 곧 르카의 몸이 허공에 떠 돌아가기 시작한다.

-놔라! 미친 놈!

르카가 곧 주변에 있던 건물을 붙잡고 늘어지는 바람에 중간에 멈췄지만, 나는 이를 악물고 끈질기게 계속 시도했다. 덕분에 르카는 머리가 폐건물에 부딪치면서 원형으로 돌려진다. 마침내 충분히 돌아간 순간 르카를 내던졌다.

콰아앙!

콰아아앙!

콰아앙!

르카는 그대로 콘크리트 벽면을 연달아 부수며 날아가 처박혔다.

"하아. 하아."

그렇게 르카를 날려버리고 숨을 몰아쉬고 있는데 미카엘라가 날 부른다.

"유제아."

무슨 일이냐고 표정으로 묻자 미카엘라가 설명한다.

"르카는 단순히 때려죽일 수 없는 존재다. 압도적인 힘으로 지워버리거나 다른 방법이 필요하겠지. 안 그러면 결국 재생해 버려. 지금의 방법으로는 네가 르카를 죽일 수 없단다."

"뭔가 대책이 있는 거야?"

해결책이 있으니 말을 꺼냈을 터. 미카엘라는 고개를 끄덕인다.

"메타트론의 화신이라면 그 아이의 능력 역시 흉내낼 수 있을 거야. 메타트론은 지친 적을 일격에 죽이는 능력을 갖고 있단다. 유제아 너도 비슷한 걸 사용할 수는 없니?"

"흠."

잠시 고민하던 나는 현현의 특수 능력 중 지금까지 써본 적 없는 게 떠올랐다.

바로 처형 능력이다.

화신의 세 가지 특수 능력 중 낙하와 돌진은 자주 썼지만 처형은 한 번도 발동해 본 적이 없다. 상태창을 열어 보여주자 미카엘라가 고개를 끄덕인다.

"이것이 맞구나. 일정한 수준 이하로 생명력이 떨어진 적을 단숨에 죽이는 그 아이의 주특기지. 이거라면 르카도 재생하지 못하겠구나. 하지만 상대가 강하면 강할수록 생명력을 많이 떨어뜨린 뒤 사용해야 한단다."

"처형 대상이 대군주급이라면 아직 좀 모자랄 것 같군."

"그래. 더 피해를 입히지 않고서는 어렵지. 하지만 그건 쉽지가 않아. 내가 미끼가 될 테니 그 틈을 노려 르카에게 치명타를 날리거라."

내게 기회를 만들어주기 위해 미카엘라는 자신의 목숨을 담보로 미끼 역을 제안해왔다. 하지만 나는 고개를 가로저었다.

"그럴 순 없어."

"망설일 것 없다. 비록 네가 펜던트 덕을 보고 있지만 그것만으론 아직 부족하단다. 처형 능력을 사용하려면 르카를 빈사로 몰아넣어야 하지 않겠니."

나는 다시 고개를 가로저었다. 그러자 미카엘라가 실망감 가득한 얼굴이 된다.

"어리석구나! 내가 죽을까 그러는 것이냐. 이럴 때 인정에 사로잡혀 어쩌자는 것이니. 나 같은 배신자의 안위 따윈. 읍!"

나는 손가락을 세워 미카엘라의 입을 막았다.

"그런 이유가 아니야. 미카엘라, 네가 무리해서 미끼 역을 할 필요가 없어졌다고."

"그게 무슨?"

"힘이 약해져서 감각도 둔해진 모양이군. 그렇다면 여기서 보고 있어."

"유제아!"

나는 미카엘라를 내버려두고 앞으로 나섰다. 르카 역시 건물의 잔해 속에서 걸어 나왔다. 그의 얼굴은 흥분과 분노로 엉망진창이었다. 또 한 번 볼썽 사납게 날아간 것에 견딜 수 없이 화가 나는 모양이었다.

-이 빌어먹을 인간 놈! 어찌 갑자기 힘이 세진 건지는 모르겠지만 그래봐야 소용없다!

격분한 르카의 태도에도 나는 여유만만 했다.

"소용없게 된 건 내가 아니라 너야."

-뭐라?

나는 대답대신 하늘 위를 가리켰다. 그곳에는 여섯 장의 검은 날개를 가진, 서열 1위의 대천사 메타트론이 떠있었다. 순간 르카가 당황했는지 커다란 입이 떡 벌어진다.

-메타트론!

당혹이 묻어나는 목소리였다. 그런 그와 다르게 나는 본체의 등장으로 기세등등해졌다.

"늦었잖아."

"미안하구나. 헌터들이 궁지에 몰려있는 탓에 못 본 척하기도 그래서 말이다. 이쪽은 유제아 네가 잘 할 거라고 믿었던 거다."

그렇게 말하면서 메타트론이 이쪽으로 무언가를 던진다.

툭.

뭔가 해서 살펴보니 그건 몬스터의 머리였다. 그걸 보자마자 르카가 놀라 소리친다.

-아가라쉬!

정말? 이 잘린 머리가 아가라쉬라고?

나 역시 들어본 적 있는 유명한 군주급 몬스터다. 군주급 서열 2위로 헌터들에겐 '재액'이라고 불리는 존재다. 아가라쉬에게 당한 헌터들이 셀 수 없을 정도로 위험한 녀석이었다. 그런데 메타트론은 그런 거물의 머리를 고사상에 쓰는 돼지머리마냥 툭 던진 것이었다.

"유제아! 언제까지 그런 허접한 놈을 붙잡고 전전긍긍댈 것이냐! 어서 끝내버리지 않고!"

메타트론의 말에 르카가 분통을 터뜨린다.

-네 이 년! 차라리 잘 됐다! 이 기회에 네년까지 같이 쓸어버리마!

"흥! 시끄럽다. 괴물. 본녀는 이 싸움에 끼어들 생각이 없다. 정 덤비고 싶으면 본녀의 화신이나 넘고 오거라."

-이 건방진! 좋다! 네 눈앞에서 네년의 화신을 씹어 먹겠다!

와, 메타트론.

르카 놈 성질만 더 돋궈놓으면 어떻게 해. 어이없어서 쳐다보자 메타트론이 내게 무언가를 던져준다.

훽훽훽.

빙글빙글 회전해서 날아온 그것은 내 발치에 박히더니 파르르르 떨린다. 바로 메타트론이 사용하던 롱소드였다. 폭이 넓은 검신을 가진 아름다운 칼로, 그녀가 사용할 때는 검신 위로 늘 불길이 피어올랐다.

나는 이 아름다운 칼을 홀린 듯 쥐었다. 그러자 아무런 힘도 사용하지 않았는데 검신에 새빨간 불꽃이 화르륵! 일어난다. 그리고 시스템 창이 떴다.

메타트론의 롱소드(S+등급)

서열 1위의 대천사 메타트론만이 사용 가능한 검입니다. 하지만 메타트론의 화신은 그녀와 동일시되므로 예외입니다. 이 칼은 성축일에 떨어진 운석을 가공해 만들어졌다고 합니다.

공격력 +255
힘 +255
매력 +255
특수 능력 : 불타는 칼날, ?????, ?????

정말 엄청난 능력이군.

그래, 이거면 된다. 이미 태양의 펜던트 덕을 보고 있는데 메타트

론의 롱소드까지 가세하면 그야말로 범에게 날개를 단 격. 나는 단번에 검을 뽑아들었다.

우우우웅-

일순간 소름이 들을 정도의 힘이 검에서 느껴졌다.

"르카!"

나는 곧장 검을 꼬나들고 달려들었다. 르카 역시 눈이 뒤집혀서 나를 붙잡으려 한다.

-찢어죽이겠다! 가장 비참하게!

기둥 같은 거대한 팔이 덮쳐온다. 하지만 다음 순간 그 팔은 허공으로 떠오른다.

서걱!

내가 단번에 베어 날렸던 것이다. 그야말로 레이저 커팅 같은 깔끔한 일격. 이 명검 덕에 잠시나마 나도 위대한 검객이 된 것 같은 기분을 맛보았다.

-크아아아악!

한쪽 팔을 잃은 르카는 절단면에서 기름 같이 끈적한 피를 뿜어내며 비명을 질러댔다.

-믿을 수 없어! 믿을 수 없다고! 이 르카가 저런 하찮은 인간에게!

원한 가득한 그 목소리에 나는 비웃음을 머금었다.

"억울해 할 것 없다. 그 대군주급이란 직함은 나를 이기는데 아무런 도움도 안 되니까. 어서 장의사라도 부르라고! 르카! 네놈은 지금 죽기 직전이니!"

부웅!

다시 한 번 검이 파공음을 내며 휘둘러진다. 그리고 르카의 남은 팔 하나가 잘려나갔다.

-크아아아아아!

양팔을 다 잃어버리자 급기야 르카는 분노로 이성을 잃어버렸다. 두 눈에서 불꽃이 폭발하더니 목이 두껍게 부풀어 오른다.

-인간! 네놈의 힘이란 결국 모래로 쌓아올린 성이나 마찬가지다. 단번에 무너뜨려 주겠다!

르카는 자신의 크게 입을 벌린다.

세상에. 쩍 벌어진 그 입이 어찌나 크던지 자동차도 한 입에 집어 삼킬 것 같았다. 바로 앞에서 보니까 태산이 무너지는 것 같은 기분이었다.

번쩍.

그리고 다시 한 번 메타트론의 검을 휘둘렀다.

콰아아아앙!

거대한 머리가 땅바닥을 때리며 요란한 소리를 울린다.

자욱한 흙먼지 덕에 앞이 보이지 않을 정도였다.

하지만 눈앞에 뜬 시스템 메시지만큼은 선명하다.

> 처형 능력 사용에 성공했습니다!
> 당신은 대군주급 몬스터 르카를 일격에 살해했습니다!
> 압도적인 업적! 누구도 당신을 따라가지 못합니다!

곧 경험치가 왕창 올라가기 시작한다. 이번 싸움 끝나면 다시 한 번 레벨 업 할 수 있겠구나. 잠시 뒤 시계가 회복되자 옆에 떨어져 있는 거대한 머리를 발견할 수 있었다. 절단면은 놀랄 정도로 깔끔했다.

"이 칼 정말 탐나는데."

그때 뒤에서 익숙한 목소리가 들려온다.

"어림없는 소리."

"어때? 나 근사했어?"

"사진 찍었다. 나중에 뽑아주마."

"와? 진짜?"

"뻥이다."

"뭐? 뭐! 이 거짓말쟁이."

"전에도 말했잖느냐. 본녀는 거짓말이 숨 쉬는 것보다 편하다고."

장난스럽게 씩 웃는 메타트론. 하지만 난 좀 시무룩해졌다. 사진이 있었으면 진짜 멋졌을 거 같았기 때문이었다. 나도 모르게 입이 좀 나와서 칼을 돌려줬다. 그런데 메타트론이 내 손에 무언가를 쥐어준다. 자신의 폰이었다. 그리고 폰의 화면에는….

"우와! 진짜 찍었네!"

"이전 것도 구경해 봐라."

"더 찍은 거야? 하하하핫! 이게 뭐야!"

놀랍게도 메타트론은 르카와 싸우는 날 배경으로 공중에서 셀카를 찍었던 거다. 셀카봉까지 써서 아주 본격적으로 찍고 자빠졌네. 어이가 없다.

"남 죽자고 싸울 때 이런 짓을 하다니."

"시끄럽구나. 남는 건 사진뿐이다."

"야!"

"어허, 그만큼 그대를 믿었다는 거 아니더냐. 그대는 내 화신이다. 그러니 싸움에 질 리가 없다. 본체인 본녀가 가진 유일한 장점이 전투인데 말이다."

자랑인지 자기 비하인지 잘 모르겠는데.

"그나저나 대군주급 몬스터의 마정석과 육체면 대체 돈이 얼마인 것이더냐. 클랜에 식구도 늘었는데 앞으로 자금 걱정은 안 해도 되겠구나."

메타트론은 죽어 널브러진 르카를 보고 흡족하게 웃었다.

아마 금전적 수익은 10조 이상. 하지만 전략적 가치는 그 이상이다. 헌터의 북진을 저지해온 강북의 두 거두 중 하나가 사라졌다. 몬스터들 진영에 파란이 일게 뻔했다.

"그것보다 저쪽에 신경 쓰라고."

나는 메타트론의 정수리를 잡고 시선을 강제로 돌렸다. 그곳에는 중상을 입은 채 주저앉아 있는 미카엘라가 있었다. 메타트론은 그녀를 보더니 곧 표정이 싸늘해진다. 그리고 성큼성큼 걸어가서 미카엘라의 앞에 선다. 가자마자 뺨이라도 때리는 거 아닐까 걱정했는데 그러진 않았다.

"미카엘라."

"……."

"꼴이 참 보기 좋구나. 본녀가 너를 어찌 처리해야 좋겠느냐?"

"…고민할 필요 있겠니. 그저 배신자로 처리하면 그만인 것을."

그런 미카엘라의 태도에 메타트론은 코웃음을 친다.

"흥! 본녀를 바보로 아는 것이냐. 그간의 경험에 비추어 보건데,

네가 그렇게 모든 걸 순순히 인정할 때는 뭔가 뒤에서 수작이 있다는 걸 모를 것 같으냐."

"그 사실을 사실대로 받아들이지 못하는 배배 꼬인 인성은 여전한 것 같네?"

곧 둘은 동시에 으르렁거린다.

"이 슴뚱, 천박한 금발이… 빠득."

"이 유감스러운 꼬맹이가… 빠득."

우와… 여자들의 싸움 무서워. 옆에서 보다 진심으로 무서워서 슬쩍 뒤로 발을 뺐다. 그러자마자 메타트론이 한 마디 한다.

"어딜 가려고?"

"히익!"

"뭔가 진흙탕인 거 같으니 날름 발 빼려는 거 아니냐?"

"아, 아냐. 내가 그럴 리가."

지긋이 날 보는 시선이 얼굴을 후벼 파는 것 같았다. 이제 와서 너만 빠져나가다니, 어림없다고 말하고 있었다.

"크흠."

나는 헛기침을 하고 영 내키지 않는 태도로 옆에 섰다. 그러자 메타트론이 내게 까딱까딱 손가락을 움직였다.

"왜?"

"유제아, 너를 여기 굳이 남으라고 한 건 이유가 있다. 이 건방진 슴뚱에게 벌을 내리고 진실을 듣고자 함이다."

어째 메타트론은 배신당했다는 사실보다 상대의 F컵 명품 흉부에 더 원한이 깊은 듯했다. 미카엘라, 메타트론과 사이좋게 지내고 싶으면 좀 떼서 나눠줘라. 안 그랬다가는 너희들 언제나 평행선을 그리겠어.

아, 가여운 미카엘라. 메타트론이 겉으로 보기에는 작은 몸집에 비해 꽤 볼륨감 넘치기 때문에 사태의 본질을 죽었다 깨어나도 모르겠지.

"뭔가 방법이 있는 거야?"

"그렇다. 크크히히! 잘못을 했으면 대가를 치러야지."

웃음이 엄청 사악하다. 그래서 그런지 미카엘라도 약간 두려운 얼굴이 됐다. 무표정한 그녀치고는 무척 큰 표정 변화다.

"내게 무슨 짓을 하려고?"

미카엘라가 겁을 내며 자신의 지팡이를 움켜잡자 메타트론은 대번에 그걸 빼앗는다. 그리고 태양의 지팡이로 태양의 대천사의 이마를 때렸다.

딱!

"아야."

"흥, 꼴좋다. 패자는 패자답게 가만히 있거라. 이제 와서 반항하려 하면 좋은 꼴 못 볼 것이다."

우와, 메타트론 완전 악당 같아.

"그러면 네게 벌을 내리겠다."

"그건 감수하겠어. 잘못한 건 사실이니까."

미카엘라도 지은 죄가 있는지라 순순히 그건 받아들이고자 하는 듯했다. 그러자 메타트론이 씩 웃으며 내게 말한다.

"유제아!"

"응?"

"어서 슴뚱이에게 천사 지배 능력을 사용해라!"

"뭐?"

순간 놀라서 펄쩍 뛰었다. 이 여자가 지금 무슨 소리를 하는 거야?

"유제아, 드디어 분화된 능력 중 하나를 선택할 때가 온 것이다."

놀란 건 나뿐이 아니었다. 미카엘라도 깜짝 놀라서 입을 벌린다.

"내게 대체 무슨 짓을 하려고!"

"흐흐히히. 뭐 간단하지 않느냐. 어리석은 여자야. 천사 지배를 해서 속에 무얼 감추고 있는지 명명백백하게 드러내려고 한다. 그리고 지배해 놓으면 앞으로 내 뒤통수를 못 치겠지. 그야말로 일거양득. 이것이 배신자 미카엘라에게 내리는 본녀의 벌이다."

"안 돼! 아무리 그래도!"

"시끄러워, 슴가뚱뚱! 넌 죽어도 할 말이 없어! 자, 유제아. 어서 사용하거라."

그런데 천사 지배 능력이 무려 서열 2위인 대천사에게 걸리는 건가? 아무리 생각해도 무리 아닌가. 그래서 그 점을 묻자 메타트론이 대답한다.

"걱정마라. 본녀가 보조하겠다."

"아니, 그럴 거면 직접 하면 되잖아?"

그리 묻자 메타트론은 팔짱을 끼며 거만하게 웃는다.

"어리석은!"

"에? 나 어리석은 거야?"

"그렇다. 어찌 그리 하나만 알고 둘을 모르느냐?"

"아니, 난 널 모르겠는데…."

내 말에 메타트론은 나직하게 웃더니 선언하듯 외친다.

"네가 미카엘라를 지배하면 나는 주인님의 주인님이 되는 것이다!"

"뭐?"

"유제아 너는 미카엘라의 주인님. 본녀는 미카엘라의 주인님의 주인님이다! 한층 격이 높다고 할 수 있지. 반면 미카엘라의 입장에서는 단순 노예가 아니라 화신의 노예. 즉, 격이 하나 더 낮은 것이다."

우와, 유치해.

나는 야유를 보냈는데 지배될 당사자인 미카엘라는 얼굴이 파랗게 질려 있었다. 하긴 누군가에게 지배당한 다는 건 이 태양의 대천사에게 죽음보다 싫은 거겠지.

아니, 잠깐.

그러니까 내가 이 아름다운 대천사의 주인님이 된다는 거지?

쿵쾅쿵쾅.

어째서인지 갑자기 심장이 크게 뛴다. 비쥬얼만 보면 모든 천사 중 정점이라고 할만한 게 미카엘라다. 금발거유에 창백할 정도로 하얀 피부, 서구적이고 섬세한 얼굴까지, 이건 뭐, 예술의 경지다.

그런데 내가 이 대천사의 주인님이라고?

"자, 시작하자꾸나. 유제아!"

"그, 그래! 어서 하자."

나도 모르게 열의를 보이며 동조하고 말았다. 스탯창을 열어서 천사 지배 능력을 선택했다.

"준비 됐어."

탁월한 성취! 축하합니다!
이제부터 당신은 천사 지배 능력을 사용할 수 있습니다!

"나를 지배한다니! 이럴 순 없어!"

당연히 미카엘라는 반항하려 했으나 메타트론이 힘으로 찍어 눌렀다.

"순순히 처벌을 받겠다고 한 게 누구더라? 응? 배신도 하더니 이젠 거짓말까지 하는 것이냐?"

"으읏!"

미카엘라는 그 지적에 할 말이 없는 듯 입술을 깨문다. 그리고 그녀답지 않게 당황한 듯 어쩔 바를 몰라 했다. 그러거나 말거나 메타트론은 기호지세인지 멈출 생각이 없어보였다.

"유제아! 시작하거라!"

"응!"

나도 뭔가 기묘한 열정에 사로잡혀 손이 저절로 앞으로 나갔다. 그리고 천사 지배 능력을 사용했다.

우우우우웅!

격한 마력의 진동과 함께 밧줄과 비슷한 모습의 힘이 미카엘라를 조여 간다.

"안 돼! 싫어!"

미카엘라는 생전 처음 듣는 가냘픈 비명을 지르며 몸을 뒤튼다. 하지만 지금 그녀에게 반항할 힘은 남아있지 않았다. 사실 보통 때라면 아무리 메타트론이 도와줘도 천사 지배 능력이 걸리진 않는다.

미카엘라가 빈사에 가까운 상태라 저항력을 거의 발휘하지 못하기 때문에 가능한 일이었다.

참고로 천사 지배 능력이 성공하면 하루에 세 번 명령을 내릴 수 있게 된다. 미카엘라의 자유의지를 없애버리는 건 아니다. 그저 하루에 세 번 강제적인 명령이 가능한 거다. 그리고 그 외에는 평소의 미카엘라 그대로이다.

"메타트론! 같은 대천사에게 어찌 이런 짓을!"

"웃기고 있네! 본녀를 쓰러뜨리고 노량진에서 쫓아내기까지 한 게 누구더라!"

그렇게 서로 말다툼을 벌이는 사이 천사 지배가 완성되었다. 동시에 치명상을 입었던 그녀의 상처 상단 부분이 회복된다. 날개가 뽑혔던 부분에는 작은 날개가 새로 돋아난 상태였다. 그나저나 실감이 나지 않는다. 미카엘라가 내 명령을 듣는 충실한 노예가 됐다니.

"아아……."

미카엘라도 바뀐 처지를 깨달았는지 망연자실한 표정이었다. 고고한 태양의 대천사가 인간의 노예가 된 사실은 얼마나 충격적일까. 나도 상대가 워낙 거물인 탓에 어쩐지 부담스러운데. 그런데 이런 나와 달리 메타트론은 기뻐하며 콧김을 크게 내뿜고 있었다.

"쿠후후후! 꼴좋다. 슴뚱. 자, 이제부터 본녀를 주인님의 주인님이라고 불러 보거라."

한껏 거만한 자세로 말하는 메타트론을 보고 미카엘라는 고개를 돌려버린다.

"거절하겠어."

"뭐? 지금 뭐라고 했느냐. 본녀는 주인님의 주인님 아니더냐!"

"그거야 그렇지. 하지만 강제 명령권을 가지고 있는 건 주인님뿐이거든?"

그 말에 메타트론은 낭패한 얼굴이 된다.

"뭐라! 으아니! 이런 실수가 있나! 격을 높이려다가 명령권을 잃어버리다니!"

이런 바보가 있나.

당황스러울 정도로 유감스러운 아이였다. 메타트론은 흥분해서 삿대질하며 하며 외친다.

"유제아! 유제아! 어서 명령하거라. 슴뚱에게 본녀를 주인님의 주인님이란 극존칭으로 부르라고."

그다지 내키지 않는 부탁인데.

슬쩍 미카엘라를 쳐다보자 그녀는 내게 애원의 눈빛을 보내왔다. 뭔가 아기고양이 같이 간절하고 초롱초롱한 눈빛이었다.

"윽."

양심의 가책이….

게다가 무표정하던 미카엘라가 저런 눈빛을 쏘아대니 감당이 안 된다. 역시 천사든 사람이든 궁지에 몰리면 평소와 다른 초인적인 힘이 나오는구나. 그걸 보고는 메타트론이 서둘러 손을 휘둘러 미카엘라의 눈빛을 가리려고 한다.

"본녀의 화신에게 교태를 부리지 말거라. 유제아, 어서 본녀의 말대로 하지 않고 뭐하느냐."

"흠, 거절할게."

"뭐야!"

메타트론은 충격을 받은 얼굴로 입을 크게 벌렸다.

"아무리 그래도 미카엘라에게 그런 호칭을 하게 하는 건 아닌 것 같아. 적장을 잡아도 대우를 해주는데, 아무리 배신자라지만 인격적으로 그리 깔아뭉갤 것까진 없잖아."

내 말에 메타트론은 방방 뛰며 화를 냈다.

"이놈! 이놈! 유제아! 이놈!"

사실 메타트론 입장에선 평소에 미카엘라에게 당한 게 많아서 이 기회에 제대로 설욕하고 싶었던 거겠지. 심경은 이해하지만 나는 선을 분명히 그었다.

"것보다 그간의 사정이나 들어보자고. 그게 더 급하잖아. 그 주인님의 주인님은 이후에 다시 생각해 보자."

일단 그렇게 달래자 메타트론은 알겠다고 수긍한다. 메타트론은 종종 떼를 쓰는 편이지만 어르고 달래면 말은 또 잘 듣는다. 정말 애 같은 성격이다.

"알았다. 그러면 일단 사정을 알아보지. 명령권은 네게 있으니 심문을 시작하거라. 유제아."

"응. 맡겨둬."

미카엘라의 앞으로 나서자 그녀는 묻지 말아달라고 했지만 그럴 수는 없는 일. 뒤통수 맞은 입장에서는 진상을 파악할 필요가 있었다.

"모든 걸 알려줘. 왜 우리를 배신했지는. 계획이 뭐였는지."

"……알겠다. 어쩔 수 없구나."

미카엘라는 천사지배로 인한 강제력에 포기했는지 고개를 떨어뜨렸다. 서열 2위의 대천사가 내게 굴복했다니. 이 사실은 내게 기묘한 정복감을 느끼게 했다. 사건의 진상과 별개로 가슴이 두근두근 뛰었다.

"그…."

미카엘라는 명령을 받고도 쉽게 입이 떨어지지 않는 듯 망설인다. 한참 그러다 입술을 살짝 깨물더니 메타트론을 보고 고개를 숙여 사과한다.

"미안하구나. 너를 믿지 못했던 거야."

가식이란 없는 진솔한 마음이 담긴 사과였다. 그래서인지 방금 전까지 방정맞게 뛰어대던 메타트론도 입을 다물고 진지한 태도가 됐다.

"그 사과를 받을 것인지 여부는 네 이야기를 다 듣고 정하겠다. 미카엘라."

"…그래, 알았어."

사실 지금도 전투가 벌어지고 있어서 그리 여유로운 건 아니지만, 미카엘라의 배신 건은 확실히 짚고 넘어갈 문제라 어쩔 수 없었다. 그녀가 왜 그랬는지에 따라 전후의 처리가 달라지기 때문이다.

이미 메타트론과 나는 이 노량진 전투를 이겼다고 생각하고 있었다. 대군주급 르카가 죽은 뒤 몬스터군은 혼란에 빠질 터. 르카의 통제를 받던 군주급 몬스터들이 각자의 이득을 위해 움직일 거다.

각자도생에 중구난방.

분열이 일어날 테니 시간은 충분했다. 차라리 남은 헌터들이 노량진에서 모조리 도망가는 게 우리에게 유리할 수도 있고. 게다가 이쪽에는 1인 군단이라고 할 수 있는 메타트론이 있지 않나. 그러니 일단 미카엘라의 이야기를 듣는 게 먼저였다.

"사실 산달폰과 약속을 했단다. 그녀가 죽을 때 내가 곁에 있었거든."

"그게 정말이더냐! 대체 어떻게 된 것이냐. 산달폰은!"

다시 흥분한 메타트론. 나는 그래서 일단 말리고 나섰다.

"산달폰 건은 이 일이 끝난 뒤에 차분히 듣도록 해. 지금 시간이 마냥 여유롭지는 않다고. 일단 미카엘라 건의 진상만 듣자, 응?"

"…끄응. 알았다. 미카엘라 녀석이 어디 도망가는 것도 아닐 테고. 게다가 지배로 조치를 했으니 저주에 죽어버릴 일도 없겠지."

"음? 그게 무슨 소리야?"

"아무 것도 아니다. 계속 하거라."

메타트론은 시치미를 뗐지만 나는 곧 그녀의 말뜻을 알 수 있었다. 하여간 솔직하지 못한 녀석 같으니라고.

"미카엘라. 산달폰 부분은 나중에 하고 일단 네 이야기를 해줘."

미카엘라는 내 말에 고개를 끄덕이더니 말을 이어간다.

"그때 산달폰이 직접 내게 언니를 부탁한다고 유언을 남겼어. 그 이후에 나는 메타트론을 지켜야 한다는 생각을 하게 됐단다. 하지만 메타트론은 오래 떠돌았고 내가 할 수 있는 일은 별로 없었지. 그저 숨어버린 산달폰 클랜을 후원하는 정도였구나."

"그러면 애초에 산달폰을 배제하기로 했다는 것도, 산달폰을 함정에 빠뜨렸다는 것도 모두 거짓말이었느냐? 유제아! 어서 물어보거라."

한다리 거쳐 묻는 메타트론을 보고 나는 미카엘라에게 눈빛으로 물었다. 그러자 미카엘라는 고개를 끄덕였다.

"저 아이를 자극하기 위해 꾸민 말일 뿐이란다. 당시에 나는 오히려 산달폰을 돕고 있었지. 그리고 마지막까지 산달폰을 함정에서 구하려고 했단다."

"그랬다는데?"

메타트론을 보며 묻자 그녀는 굳은 얼굴로 대답이 없었다. 나는 미카엘라에게 계속하라고 손짓했다. 그러자 그녀는 가벼운 한숨을 내쉬고는 말을 이어간다.

"몇 년 뒤 메타트론이 노량진에 신성지를 펼치겠다는, 대담한 작전을 들고 왔었지. 그래서 곧장 결심했단다. 메타트론을 돕기로. 안정적인 신성지를 포기하고 북상하는 건 쉬운 결정이 아니었지만. 하지만 나는 정말 기뻤단다. 저 아이를 도울 수 있어서……."

미카엘라의 볼이 터질 듯 붉어진 상태였다.

명령 때문에 솔직히 말해야 하는 처지가 마치 수치 플레이 수준이라 고개도 제대로 들지 못한다. 메타트론 역시 약간 볼이 붉어져서 허둥댄다.

"큼큼!"

메타트론은 괜히 손으로 부채질을 하고 있었다.

"그 건이 잘 풀린 건 좋았지. 하지만 그 후에 메타트론과 유제아네 일처리는 납득하기 어려웠단다. 사고만 치고, 다른 클랜과 타협을 모르고… 내 정보망은 곧 웨이브가 온다고 하는데… 이대라면 정말 둘이서만 싸울 것 같았지."

나도 벌인 일이 있어서 할 말이 없다. 그 건이 미카엘라를 그리 고민하게 만든 줄은 상상도 못했다.

"저 아이는 산달폰과 자매답게 쏙 닮았단다. 산달폰도 늘 그리 무모하게 싸워댔었지. 그리고 결국은… 내게 상처만 남기고 떠나버렸다. 그런데 이번에는 저 아이가 똑같은 일을 하려고 하더구나."

미카엘라는 우리가 뭔가 나름대로의 방법을 찾을 수 있다고도 생각했다고 한다. 하지만 산달폰에게 유언으로 부탁까지 받은 입장에선 가만있을 수 없었다고.

"…또 한 번… 소중한 친구를 잃을 수 없었으니까."

"…미카엘라."

"그래서 타협안을 들고 찾아가지 않았니. 하지만 거절당했지. 저 아이는 타협을 모르는 아이니까… 결국 나도 극단적인 선택을 할 수밖에 없었단다. 물론 그건 내 잘못이야. 죄가 없다고 하는 건 아니야. 그렇지만, 나도 할 수 있는 일을 해야 했단다."

그 뒤 미카엘라의 수완이 빛을 발휘했다. 함정에 빠뜨려 메타트론과 날 쫓아낸 뒤, 헌터를 집결시키고 일부러 웨이브를 유도했다. 노량진이란 땅을 두고 양 진영의 탐욕이 고조되는 순간, 절묘하게 서로 부딪치게 유도한 것이었다. 그야말로 양패구상을 노렸던 수.

"왜 그렇게까지 하려고 했어?"

내 물음에 미카엘라는 처연하게 대답한다.

"이 땅…… 저 아이에게 돌려주고 싶었으니까."

그녀는 모든 문제를 해결한 뒤에 메타트론에게 다시 노량진을 돌려줄 작정이었다. 그 대가로 오명을 뒤집어쓰고, 메타트론과의 우정에 금이 가는 한이 있더라도.

"죄는 내가 다 뒤집어쓰면 되는 거 아니겠니. 헌터들에게 땅을 임의로 나눠준 것 자체를 무효화할 방법 정도는 준비해 놨었단다. 자신들이 이용당한 걸 안 자들은 날 비난하겠지. 하지만 결과만 만족스러우면 난 상관없어. 땅을 분배받으려던 헌터들은 실패하고, 웨이브의 위험은 사라진단다. 평화가 온 이 노량진 땅에 메타트론 클랜만이 남겠지."

모든 게 미카엘라의 계획이었던 거다.

"그런데 우리엘의 배신으로 일이 꼬인 거군?"

내 물음에 미카엘라는 고개를 끄덕인다. 우리엘이 배신자였다는 건 메타트론과 내게 큰 충격이었다. 그때 그가 우리를 도왔던 건 선의가 아니라 순전히 미카엘라를 견제하기 위해서였다. 그리고 진정한 아군은 자신이라고 우리를 속이고자 했다.

"그래도 왜 그리 극단적인 방법을…."

"산달폰을 죽인 뒤에 결심했던 일이란다. 악귀라도 되어야 한다고. 친구를… 소중한 존재를 지키기 위해서는. 미안한 얘기지만 저 아이는 모든 게 아직 미숙해. 그러니 속으로 눈물을 흘리는 한이 있더라도 노량진에서 내쫓을 필요가 있었단다."

이제 자신이 서열 1위니 뭐니 하는 허세를 부리면서 말이다. 이런 사정을 다 알고 있는 스이엘에겐 맹세 마법을 걸어서 입단속을 실시했던 거군.

미련한 여자 같으니라고.

그때 메타트론이 등을 돌리더니 말한다.

"유제아."

"응?"

"미카엘라의 처결은 네게 맡기겠다. 전투가 아직 끝나지 않았으니 본녀의 검이 아직 필요할 게다. 나머지는 모두 알아서 처리하도록."

요컨대 미카엘라를 나락으로 떨어뜨릴지 구해줄지 내 판단대로 하라는 거다. 하지만 난 답을 이미 알고 있었다. 화신은 본체의 의지를 따를 뿐이다.

"알았어."

"그럼 맡기지."

모래 바람이 일어나고 메타트론이 검을 들고 하늘로 날아올랐다. 오렌지 빛으로 물든 일몰에 그녀의 검은 실루엣이 빠르게 사라져간다.

나는 물끄러미 그것을 보다가 고개를 돌렸다. 태양의 대천사 미카엘라를 보려고. 하지만 내 눈앞에는 눈가가 젖어있는 처연한 여자가 있을 뿐이었다.

그녀는 서툴기만 한 바보였다.

"미카엘라."

"……."

"너는 메타트론보다 더 서툴고, 스이엘보다 더 바보다."

이번 건에 관해서 아직 더 들어야 할 얘기는 많았다. 하지만 지금은 이것으로 충분했다. 이제 이 바보가 자신의 행동에 대한 대가를 치르게 할 때였다.

"그 아이가 날 용서할까?"

미카엘라는 메타트론이 사라져간 석양을 하염없이 바라보고 있었다. 곧 그녀의 메마른 입술에서 한숨이 흘러나왔다.

"역시 나를 경멸하고 있겠지? 저리 차갑게 떠나버린 것을 보면."

"무슨 소리야. 메타트론은 진작 널 용서했다고."

"그게 무슨?"

"미카엘라. 너는 르카의 저주에 걸렸어. 이대로 두면 죽거나 타락할 수밖에 없지. 만약 메타트론이 널 정말 미워 했다면 죽게 내버려두거나 타락을 핑계로 모두의 앞에서 정치적 제물로 삼았을 거야. 아니, 메타트론이 아니라도 내가 그랬을 걸? 하지만 말이야. 너를 지배한 걸 보면 모르겠어?"

강한 지배력 때문에 미카엘라의 저주는 완전히 사라진 건 아니지만 억눌려졌다. 저주가 지배라는 목적에 방해되니까 충돌이 일어났고, 르카보다 강한 메타트론의 힘이 이긴 것이다. 앞으로 특별한 문제가 생기지 않는 한 그녀는 죽거나 타락하지 않을 거다.

"메타트론이 널 지배한 건 단순히 진상을 듣고 싶기 때문만은 아니었어. 너를 구하고 싶었으니까 그랬던 거야. 그리 배신을 당하고도 말이야."

"아아……."

놀란 듯 눈을 크게 뜬 미카엘라는 곧 가볍게 몸을 떤다. 대체 지금 무슨 감정이 그녀의 가슴 안으로 파고들고 있을까.

"아마 부끄러웠던 모양이지. 그러니까 주인님의 주인님이라는 말도 안 되는 소리를 하고 방정맞게 방방 뛰어대고 그랬던 거야. 솔직히 인정하기 어렵지 않겠어? 배신한 친구를 여전히 소중히 생각하고 있다는 거. 저래 뵈도 저 녀석, 자존심 강하니까."

"흐윽…."

결국 미카엘라의 젖은 눈동자에게 한줄기 눈물이 흘러내리고 말았다. 늘 무감각한 편인 미카엘라가 울다니 진귀한 일이었다. 그런 애잔한 모습은 나로 하여금 절로 손수건을 꺼내들게 만들었다. 나는 한쪽 무릎을 꿇고는 손수건을 꺼내 그녀의 볼을 닦아주었다. 그러거나 말거나 미카엘라는 입술을 깨물고 눈을 질끈 감은 채 눈물을 흘리고 있었다.

"저 녀석은 이미 너를 용서했다고. 결과에 관계없이 말이야."

미카엘라의 배신이 진짜든, 아니든 간에.

이미 메타트론은 친구를 용서했던 거다.

"일단, 이건 내가 갖고 있을게. 압수야."

나는 미카엘라 앞에서 태양의 목걸이를 흔들어 보였다. 핵융합 폭발 같은 이런 아이템을 이 극단적인 성향의 천사에게 맡겨둘 수는 없다.

"네가 갖고 있다가는 또 무슨 짓을 벌일지 무섭거든. 대신 조만간에 이에 상응하는 마법 물품을 선물할 테니까 그걸로 봐줘. 자, 일어날 수 있겠어?"

미카엘라는 고개를 끄덕였고 힘겹게 몸을 일으킨다. 그러다 곧 다리의 힘이 풀렸는지 곧 내 품에 쓰러졌다. 나는 그녀를 안아서 받아냈다.

"몸 괜찮은 거야?"

미카엘라는 대답 대신 두 팔로 날 휘감아 온다. 그리고는 내 어깨에 얼굴을 기대고 속삭인다.

"…네게도 너무 미안하구나."

나는 말없이 미카엘라의 머리를 쓰다듬어주었다. 이번 일에 대해서 미카엘라와 내 목적은 같았다. 메타트론을 돕는 것. 그런데 한쪽은 수완은 좋지만 멋대로 굴었다. 그리고 다른 한쪽은 서툴지만 함께했다.

솔직히 무엇이 옳은지는 모르겠다. 엄청나게 마찰이 있긴 했지만 미카엘라의 수단이 더 성공확률이 더 높았겠지. 반면 나는 실패했을지도 모른다. 하지만 나는 똑같은 선택의 기회가 다시 오더라도 후자를 고를 것 같다.

"미카엘라. 친구란 말이야. 역시 함께 걸어야 친구가 아닐까? 물론 실패하지 않고 성공하는 건 중요하지. 하지만 우리 인생은 언제나 잔물결로 가득하다고. 승리한 만큼이나 패배를 맛보지. 그러니까 그 패배 때문에 친구랑 떨어지지 말라고. 진짜 친구라면 이기나 지나 계속 옆에 있어주는 거 아니겠어?"

나는 미카엘라에게 인생을 길게 보라고 했다.

"필요에 따라 떨어졌다 붙었다 하는 친구가 얼마나 멀리까지 갈 수 있을까? 반면 이기든 지든 늘 함께인 친구는 결국 저 끝까지 갈 있을 거라고 생각해."

"……하지만 이런 짓을 했으니 날 용서해줬다고 해도 그 아이를 볼 낯이…."

미카엘라의 날개들이 그녀의 기분을 반영한 듯 아래로 모두 축 처져 있었다.

"걱정 마. 그 녀석은 널 너무 좋아하니까. 우정은 금방 회복될 거야. 그렇지만 앞으로는 우리를 속이지 않겠다고 약속해 줘. 그렇게만 하면 나도 메타트론처럼 너를 용서할 테니까."

그러자 미카엘에는 몇 번이고 고개를 끄덕였다.

"약속하겠다. 이제는 그대도, 메타트론도 속이지 않겠다."

"좋아."

이렇게 미카엘라와 나도 화해를 했다. 하지만 그녀는 여전히 걱정스러운 듯했다.

"유제아……. 이런 내게 질리지 않은 것이니?"

"솔직히 이번에 완전 놀라긴 했지."

"…그, 그렇구나. 그렇다면 남들처럼 나를 외면해도 좋다. 모른 척해도 좋다. 이런 나를 피해도 좋다……. 사실 모두 그러고 있으니."

말은 그렇게 하면서도 미카엘라의 목소리는 힘이 전혀 없었다.

그녀는 태양이다.

좋은 의미로든, 나쁜 의미로든. 그래서 스이엘은 미카엘라의 주위에 있는 자들은 모두 자신만의 선글라스를 갖고 있다고 했다. 외면하고, 못 들은 척하고, 한 걸음 물러나는 등 저마다의 형태로. 그 때문에 미카엘라는 밝게 빛나지만 외로운 존재였다.

하나 나는 그녀를 그렇게 두고 싶지 않았다. 물론 한걸음 물러나 거리를 두면 편하겠지. 그렇지만 미카엘라 내면의 애틋함을 본 이상 그럴 수는 없다.

"나는 너와 우정을 나누고 싶어, 미카엘라."

지배 관계가 됐지만, 나는 이 고고한 대천사를 진짜로 억압하고 싶지는 않았다. 그렇다면 가장 좋은 방법은 우정이었다. 솔직히 이런 계기가 아니더라도 전부터 이 근사한 대천사와 친하게 지내고 싶단 생각을 해왔다.

"그건 곧 함께 걷겠다는 약속이야. 그러니 친구의 허물을 봐주지 못할 리가 없잖아?"

"그게 무슨 말인 것이니? 유제아."

"요컨대, 태양빛이 눈부셔도 이제는 외면하지 않겠다는 이야기야. 미카엘라, 그러니까 내겐 선글라스 같은 건 필요 없다고."

"아……."

미카엘라는 눈동자가 커지더니 파르르 몸을 떤다. 몸이 붙어 있어서 그럴까? 그녀의 심장이 갑자기 크게 뛰는 게 느껴졌다. 하지만 미카엘라는 금세 걱정으로 가득한 얼굴이 된다.

"유제아, 내가 두렵지도, 껄끄럽지도 않느냐? 금세 나를 환멸하게 되지도 않느냐?"

아무래도 내 태도가 변할까 근심하는 듯했다. 하지만 나는 보았다. 긴장한 그녀의 연녹색 눈동자에 서린 일말의 기대를.

"그래, 그런 일은 없어. 내 눈에 너는 그저 예쁘고 사랑스러운 노예일 뿐이야."

화악.

갑자기 미카엘라의 얼굴이 새빨갛게 달아올랐다.

"어어, 아으, 그, 그런 것…. 아아!"

어느 정도였냐면 귀까지 붉어질 정도였다. 미카엘라는 당황해서 어쩔 바를 몰라 했다. 혼자 손바닥으로 내 가슴팍을 때리기도 하더니 곧 내 품에서 벗어나려고 아등바등한다.

"놔라, 놓거라!"

그럴 순 없지. 나는 그녀를 더욱 강하게 끌어안았다.

"터무니없는! 너무 부끄러워 심장이 어떻게 될 것 같잖니!"

하지만 나는 그 부탁을 들어주지 않았다. 그저 언제까지고 이 아름다운 천사를 품에 안고 있을 뿐이었다. 그녀가 포기할 때까지. 한참 바둥거리던 미카엘라는 결국 내 품 안에서 포로처럼 굴복했다. 얌전해진 그녀는 체념한 듯 기대온다.

"터, 터무니없는 말을 막 뱉는 사내로구나. 그대는."

"이제 알았냐. 나도 스이엘 못지않은 바보인 걸."

"뭐? …정말 그렇구나. 아니, 그 아이 이상일지도."

여유를 좀 찾은 미카엘라는 기가 막힌다는 말투로 타박해 온다.

"게다가 지배를 걸었다고 해서 이 미카엘라를 진짜 노예 취급하다니."

"뭐야? 그래서 불만? 그렇지만 이제 서로 뗄 수 없는 관계가 돼버린 걸. 담담히 현실을 받아들이는 게 좋을 텐데."

내 말에 미카엘라는 다시 놀라서 눈동자가 커진다.

"그, 그런 것이니? 서로 뗄 수 없는 관계라. 나는… 나는… 내가 그런 단단한 것을 가질 수 있을지 생각도 못해봤단다. 메타트론조차 한동안 나와 틀어져있었으니, 내게 그런 인연은 아무도 없었다. 그런데 유제아, 네가 나와?"

"그래. 꽤 짜증나겠지만 외로울 틈은 없을 거다."

내 말에 미카엘라는 가볍게 웃음을 터뜨린다. 그러더니 내 어깨에 얼굴을 묻는다. 그리고 내 옷깃을 가냘픈 손으로 붙잡으며 속삭인다.

"나는 모두가 피하고 싶어 하는 여자지. 하지만… 주인과 노예라는… 그런 이상한 관계 때문에 네가 날 두려워하지 않는다면… 그건, 그것대로 나쁘지 않겠구나."

결국 미카엘라는 우리의 새로운 관계에 납득했다.

사실 세상에는 온갖 관계가 존재한다. 그러니 그 다양함 속에는, 주인님과 노예가 된 탓에 진정한 우정을 나눌 수 있게 된 관계도 있을 수 있는 법이지. 남들이 뭐라고 생각해도 상관없다. 이 인연의 고리로 묶인 당사자는 미카엘라와 나, 이렇게 단 둘이다. 우리 둘이 인정하고 받아들인다면 그걸로 끝이었다.

"약속하지. 모두가 널 피한다고 해도, 나는 끝까지 네 곁에 있어줄게."

"…유제아."

"네겐 차 한 잔 같이 마셔줄 존재가 꼭 필요해 보이니까."

나는 가볍게 그녀의 이마에 입 맞췄다. 메타트론에 이어 돌봐줄 아이가 하나 더 늘어나 버렸다.

6. 그대는 누구보다도 기위한 인간이 될 것이다

노량진 전투는 르카가 죽은 이후 예상대로 승리로 끝났다. 애초에 서로 입장이 다른 군주급 몬스터들을 지배력으로 묶어서 만들어진 군세였다.

그런데 그 지배력을 행사하던 르카가 죽고 나자 군주급 몬스터들은 각자의 판단 하에 싸울 수 있게 됐다. 안 그래도 자신의 영역에서부터 다른 군주급 몬스터와 대결하던 그들이다. 그리고 노량진 점령 후의 전공이나 땅의 분배 문제로 다퉈오기도 했고. 그래서 그들은 승리를 목전에 둔 상태에서 분열했다.

거기에 메타트론과 산달폰 클랜의 난입으로 전황이 뒤바뀌었다. 특히 메타트론은 군주급 몬스터만 골라서 죽였는데 이는 적의 진영을 무너뜨리는데 결정적 역할을 했다. 죽기 싫은 군주급 몬스터들은 자리를 이탈했고 휘하의 몬스터들 역시 흩어져버렸다. 그 많던 몬스터들이 신기루처럼 사라졌던 것이다.

"노량진에 이제 메타트론 클랜과 미카엘라 클랜만이 남았군."

나는 지아 누나가 만들어준 아이스크림을 먹으면서 지도를 내려다 봤다. 지아 누나랑 검은 하이에나단은 몬스터 웨이브가 끝난 뒤 노량진으로 돌아왔다.

"그렇지."

나와 같이 지도를 보던 스이엘은 곧 작게 비명을 지르며 벌떡 일어난다.

"왜?"

"니네 누나가 내 엉덩이를 만졌다고! 뭐야!"

"에?"

뭐냐는 표정으로 지아 누나를 봤다.

"아니, 조그만 게 엉덩이는 토실토실하더라고. 그래서 한 번 만져 봤지."

"그렇게 말하니까 성추행하는 아저씨 같아."

내 평가에 스이엘도 동의하고 나선다.

"맞아. 유지아라고 했지? 천사의 엉덩이를 그렇게 만지면 안 돼!"

발끈하는 스이엘은 보고도 지아 누나는 여유만만이다. 오히려 스이엘을 압박하고 나선다.

"헤? 제아는 내가 하는 말이라면 뭐든 듣는데, 나한테 그런 태도를 취해도 좋을까? 꼬맹이."

"으읏!"

키 큰 지아누나가 내리 누르듯 압박하자, 작고 아담한 스이엘은 그대로 침대 한 구석으로 찌그러진다. 스이엘은 지난 사건 이후 지은 죄가 있어서 내게 줄곧 저자세였다. 나는 미카엘라와 마찬가지로 스이엘에게도 말을 놓기로 했다.

"듣자니, 내 동생을 배신했었다며? 아무리 상관의 명이라지만 친누나 입장에선 화가 나는 일인데. 어찌 생각해. 핑크 드릴?"

"드릴이 아냐!"

"하지만 네 머리에 드릴이 열 개나 달려 있는 걸?"

지아 누나는 스이엘의 롤머리를 만지작거린다.

"으으… 스이엘이라고. 이름으로 불러."

"좋아. 스이엘. 그러니까 어찌 생각하냐고?"

지아 누나의 압박에 스이엘은 울상을 짓는다. 그러면서 웅얼웅얼 뭐라고 한다. 하지만 지아 누나는 용서가 없었다. 손바닥을 귀에 대고는 스이엘에게 말한다.

"뭐라고? 웅얼웅얼 하는 찐따라 무슨 소린지 안 들리는데?"

"히잇!"

결국 스이엘이 지아 누나를 당해내지 못하고 도망치듯 자리에서 일어난다.

"참! 우리엘 클랜의 잔당을 만나보기로 했는데. 유제아 네가 부탁한 거잖아! 그치?"

그리 말하고는 재빨리 사라지는 스이엘.

지아 누나는 재밌는 게 사라져서 아쉽다는 태도로 스이엘의 뒷모습을 바라보고 있었다. 앞으로 스이엘에게 고난이 예상되는 걸. 지아 누나는 귀여운 거라면 사족을 못 쓰니까. 앞으로 메타트론이랑 스이엘을 데리고 놀면서 무척 만족할 것 같구나.

스이엘은 일전에 우리엘 클랜의 감옥에 갇혔었는데 그때 그 감옥에서 배신을 거부한 헌터들을 만났다. 그리고 감옥에서 탈주할 때 그들의 도움을 받았다. 대천사 우리엘은 노량진 싸움 이후 살아남은 졸개들을 이끌고 도주했지만 감옥에 갇혀있던 그들은 고스란히 남았다. 그래서 이 기회에 메타트론 클랜으로 흡수하려고 생각 중이다.

이것뿐 아니다. 메타트론 클랜은 세를 키우기 위해 미카엘라 클랜과 연합하는 방안도 결정됐다. 결국 메타트론, 산달폰, 미카엘라, 우리엘 클랜의 잔당이 연합헌터단을 만드는 것이다. 이게 다 미카엘라가 내 것이 되었기 때문에 가능해진 부분이었다.

흠, 내 것이라고 하니까 뭔가 이상하네. 그렇다고 사실 그대로 노예라고 하긴 어감이 안 좋아서 말이지.

"…역시 좀 부끄럽단 말이지."

미카엘라의 처우는 내 결정대로 처리했다.

외부에는 애초에 이번 사태가 메타트론과 미카엘라의 합작이었다고 발표했다. 메타트론이 노량진에서 쫓겨났던 건 철저히 불화를 가장한 연극이었다고 한 것.

처음부터 메타트론 역시 노량진의 땅을 나눠줄 생각이었으나 내분을 가장하기 위해 합의를 거절하고 다툰 것이었다고 말이다. 이후 미카엘라가 대승적 견지에서 땅을 나눠주고 함께 몬스터 웨이브에 대비했고, 이후 결정적인 순간에 메타트론이 복귀해 적을 습격하는 작전이었다고 말이다. 그런데 이 완벽한 계획이 배신자 우리엘에 의해 틀어졌다는 걸로 얘기됐다. 그리고 조금만 더 버텼으면 메타트론의 합류 덕에 승리할 수 있었는데, 비겁하게 먼저 발을 뺀 각 클랜의 태도에 유감이란 점도 덧붙였다.

당연히 미카엘라 주도로 땅을 받았던 일은 무효가 됐다. 물론 불만을 가진 자들이 없는 건 아니었는데, 사실상 메타트론과 산달폰 클랜이 빼앗긴 땅을 재점령한 느낌이라 다들 큰 목소리를 내지 못했다.

정말 몇 개의 클랜만이 끝까지 남아 자기 땅을 사수했는데 이들의 경우는 우리도 인정해 주기로 했다. 그들이 가진 땅이 노량진에서 정말 일부인 데다가 우리가 발표한 것을 진실로 가장하려면 그래야 했다. 나 개인적으로도 끝까지 남아 싸운 그들의 용맹에 찬사를 보내며 땅을 기꺼이 양보할 생각이었다. 그게 탐욕이든 숭고한 용기든 결과는 같았으니 상관하지 않을 작정이다.

그렇게 우리는 모든 비난이 도주한 우리엘에게 향하게 유도했다. 미카엘라는 그런 분야에서 소질이 있었고 내 수완도 갈수록 좋아지고 있었다. 미카엘라는 대천사들의 회의에서 나는 11인 위원회(우리엘의 이탈로 12인 위원회는 다시 11인 위원회가 됐다)에서 이 같은 입장을 밝혔고, 결국 모두의 납득을 받아냈다. 일부는 무언가 꺼림칙한 듯했으나 이미 대세는 정해졌고 더는 토를 다는 사람이 없었다.

과정은 험난했지만 결과만은 아주 훌륭했다. 헌터와 몬스터라는 양 세력이 입맛을 다셨던 노량진은 이제 완전히 평화를 찾았다. 그리고 앞으로 그 평화를 지킬 수단은 바로 내가 단장으로 내정된 연합헌터단이었다.

한 달 뒤.

연합헌터단 발대식의 날이 밝았다.

가뜩이나 산달폰 클랜이 생존해 있었다는 사실이 큰 충격을 줬는데, 메타트론, 산달폰, 미카엘라, 우리엘 클랜의 헌터가 모여 연합헌터단을 만든다는 점도 파란을 일으켰다.

연합헌터단의 이름으로 초대장을 받은 헌터와 천사들이 이 역사적 순간을 구경하고자 노량진으로 몰려왔다. 오늘 이 행사는 마치 대관식처럼 화려하게 치러질 예정이었다. 돈이라면 썩을 만큼 많이 벌기도 했고. 내가 오늘 연합헌터단 단장에 오른다는 사실이 알려졌기에 손님들의 축하를 계속 받느라 정신이 없었다.

"감사합니다."

"감사합니다."

"감사합니다."

나는 연거푸 악수를 하며 웃음을 지어보였다.

이 일도 힘들구나. 오늘 행사에는 몇몇 대천사 클랜과 그 휘하의 클랜들은 참석하지 않았다. 지난 일 이후 이후디엘 클랜의 심상호와 라미엘 클랜의 강풍호는 내 원수가 된 상태다.

전쟁의 뒷수습으로 워낙 바빠서 어쩌지 못하고 있었는데 조만간 그 둘을 제대로 손봐줄 예정이었다. 당연히 이대로는 못 넘어간다. 그때까지 선고의 유예를 즐기고 있길 바란다.

"유 위원님."

그때 묵직한 목소리가 날 부른다.

엽왕 임철웅이었다. 보니까 옆에 서열 4위 대천사 라파엘 클랜의 위원 윤혁과 서열 9위 대천사 나나엘 클랜의 위원 방유송도 보인다. 그 외에도 명사 대우 받는 고위헌터들이 축하를 위해 몰려온 상태였다.

임철웅은 그들 모두를 대표해 인사 해온다.

"단장에 오르신다고 들었습니다. 정말 축하드립니다."

"감사합니다. 엽왕께서 직접 축하해 주시니 더욱 의미있군요."

주위의 헌터들도 한 목소리로 축하해온다.

"축하드립니다! 유 위원!"

씩씩한 헌터들의 목소리에 일대가 울린다. 이들은 심상호, 강풍호와 다르게 나와 척을 진 자들은 아니다. 그렇다고 같은 편이라고도 할 수는 없다.

다들 눈앞에 이득을 위해 움직이는지라 상황에 따라 적도 아군도 될 수 있는 존재들이다. 오늘은 다들 축하도 하고 앞으로 잘 지내보자는 제스쳐도 취할 겸 온 것 같다. 별로 맘에 안 들긴 하지만 이런 자들과도 손을 잡아야 하는 게 정치겠지. 어쩔 수 없는 일이다. 어쨌든 함께 몬스터를 사냥하는 헌터들이니까.

그렇게 화기애애한 분위기를 연출하고 있는데 갑자기 땅이 울린다. 다들 뭔가해서 보니까 저쪽에서 어마어마한 거구의 남자가 걸어온다.

"모, 몬스터 아냐?"

"저거 사람인가?"

다들 그를 보고 당황하는 기색이었다. 그도 그럴게 태산 장흥억의 덩치는 거의 몬스터 수준이기 때문이었다.

"크하하하핫! 오늘 모두 와줘서 고맙소이다! 내 오랜만에 후배들을 만나니 기분이 최고외다!"

벌써 얼큰하게 취한 목소리다. 대부분 그가 누군지 몰라서 눈을 동그랗게 떴는데 일부는 그를 알아보고 깜짝 놀란다. 특히 늘 품위 있던 염왕도 화들짝 놀라서 큰 소리를 냈다.

"태산 장흥억 선배님 아니십니까! 살아계셨던 겁니까! 산달폰 클랜의 귀환을 듣긴 했습니다만, 설마!"

눈앞에 살아있는 전설을 만나자 임철웅도 어쩔 바를 몰라했다. 장흥억은 그를 보더니 반가워하며 웃는다.

"아니, 이게 누구야! 임 후배 아니야! 푸하하하하! 자네 신참 시절에 어리바리하던 게 엊그제 같은데 안 본 사이에 제법 관록이 붙었구먼! 크하하하하!"

"선배님! 사람 부끄럽게 그런 소리를!"

그 대단한 염왕을 애송이 취급하는 모습에 사람들은 장흥억이 누군지 수군거린다. 그리고 다들 선대의 전설이란 사실에 놀라움을 표한다.

"몬스터 사태 때 활약했던 인물이랍니다."

"와, 완전히 살아있는 역사네."

다들 수군거리느라 정신이 없었다. 그런데 그때 장흥억이 나를 보더니 대번에 허리를 숙여 인사한다.

"단장! 감축드립니다!"

그 광경에 임철웅이 눈이 찢어져라 놀란다. 헌터의 최강이라 불리는 그도 태산 장흥억의 상대가 못 된다. 장흥억의 복귀 이후 겨뤄본 건 아니지만 서로의 기도만 비교해 봐도 바로 답이 나오는 수준이었다.

그런데 그런 장흥억이 내게 깍듯하게 대하는 모습을 보니 크게 당황한 모습이었다. 앞으로 임철웅과 그를 따르는 헌터들은 날 어찌 대해야 할지 고민스럽겠지.

아까 인사한 거 보니까 전처럼 같은 12인 위원회의 위원으로 대하려던 것 같은데, 전설이 이렇게 모두 앞에서 숙이니 앞으로 고민일 거다.

"하하하. 감사합니다."

나는 자연스럽게 장흥억의 축하를 받았다. 사실 전날부터 나는 이렇게 해줄 것까진 없다고 극구 사양했는데, 장흥억이 연합헌터단의 단장이니 그만한 대우가 필요하다고 우겨서 어쩔 수 없었다. 아무래도 내 기를 팍팍 살려주려는 모양이라 더 거절하기도 어려워 결국 알았다고 했는데… 이 양반 이제 보니까 숨어서 보다가 딱 맞춰서 나왔구먼.

술 거하게 들이 키고 온 것도 다 연기고.

덩치는 태산인데 아주 능구렁이야, 능구렁이.

"자, 그러면 식이 시작될 거 같으니 먼저 가보겠습니다."

나는 그들과 헤어진 뒤 무대 뒤로 이동했다. 안에서 슬쩍 보니 손님들과 오늘의 주인공의 연합헌터단의 헌터들이 보인다. 연합헌터단의 헌터의 총 수는 1,012명.

단일 규모로는 최대가 됐다.

실로 앞으로 작전이나 정치적 입장에서 함께할 예정이었기에, 규모뿐 아니라 입김도 셀 터. 아마 다른 클랜들이 바짝 긴장해서 경계하게 될 거다.

"몬스터뿐 아니라 아군도 신경 써야 한다니."

푸념에 가까운 내 말에 대답하는 이가 있었다.

"우리만 그런 건 아니란다. 몬스터 역시 그 점은 마찬가지지."

"아, 미카엘라."

나는 웃는 낯으로 미카엘라를 맞이했다. 지배 관계가 되긴 했지만 우리 사이에 바뀐 건 없다. 내가 미카엘라에게 명령을 내리는 일도 없고.

오히려 이전과 다르게 친해졌다는 게 달라진 점이랄까. 지배 덕분이긴 하지만 덕분에 우리는 단단한 끈으로 묶이게 된 상태다. 싫어도 가까워질 수밖에 없었다.

"눈은 안 아파?"

나는 미카엘라의 한쪽 눈을 보며 묻는다. 이전에는 볼 수 없었던 검은 안대를 차고 있다.

"처음에는 이 녀석이 날뛰어서 힘들더니 이젠 괜찮더구나."

지난 전투에서 미카엘라는 르카와 싸우다 한쪽 눈알이 뽑혔다. 재생이 가능한 대천사라 큰 문제는 아니었는데, 재생 과정에서 문제가 생겼다. 미카엘라의 몸에 억눌린 채 남아있는 르카의 저주가 재생하는 눈에 달라붙었던 것. 그래서 한쪽 눈은 동공의 색도 바뀌고 서늘한 안광을 뿜어내게 됐다.

미카엘라의 동공 색깔은 연녹색. 재생한 눈은 불길한 느낌의 연보라색이었다. 현재 무슨 문제가 있는지 파악되지 않는다. 게다가 저주 받은 눈동자는 미카엘라의 체신과 관계가 있는지라 안대로 가려 놓고 있다.

"오드아이는 인기가 좀 있는 것 같더라."

"별로 위로가 되지는 않는구나. 유제아, 그대는 좋아하느냐?"

"어, 나는 꽤 좋아하지. 아니, 상당히 취향이랄까."

라이트노벨 좋아하는 애들은 다들 오드아이에 흥미있지 않을까? 내 대답에 미카엘라는 의외의 반응을 보인다. 살짝 미소 짓더니 혼자 기뻐하는 기색이었다.

"그, 그런 건가…. 그러면 불행 중 다행이구나."

"음? 내 의견이 그렇게 중요한 거였어?"

"흐음! 시끄럽잖니. 신경 쓸 것 없다."

어째서인지 헛기침을 크게 하더니 손을 휘휘 휘젓는 미카엘라. 아, 그러고 보니 달라진 게 하나 더 있구나. 이제 미카엘라는 예전처럼 무표정하지만은 않다는 것. 지금도 어째서인지 은은하게 볼이 붉어져 상기된 얼굴이다.

"역시 주인님이라고 불러보지 않을래?"

"그 무슨 폭거를! 아무리 지배 관계라고 하나 민망하게 주인님이라고 할 수는!"

"왜? 주인님이 그렇게 어려운 호칭인가."

"그게 주인님이라고 부르게 되면 무척 특별한 관계가 된다고 들었단다."

어째 불안한 예감이 드는데.

"대체 누가?"

많은 걸 함축한 물음에 미카엘라가 대답한다.

"스이엘이 그랬다."

"……."

출처가 상당히 문제가 있었다. 아무래도 뭔가 불안해서 넘어가기로 했다.

"알았어, 주인님이라고 불러달라고 안 할게."

"에? 이래 뵈도 제법 잘난 육체인데 관심이 전혀 없는 것이니?"

"뭐?"

"주인님이 원하면 실오라기 하나 걸치지 않는 알몸이 돼야 한다고 들었다. 아니, 가끔은 알몸 앞치마도 좋다고…."

"스톱. 거기까지."

더 듣기가 두려워져 제지했다. 그런데 그때 뒤에서 으르렁거리는 소리가 들려왔다.

"거기 둘. 식전에 계속 잡담이나 하고 있으면 독극물로 위세척을 해버릴 것이다."

세상에, 심한 말을 하는 존재가 있었다. 돌아보니 화난 듯한 메타트론이 나보고 어서 무대에 올라가라고 떠민다. 그리고 그녀는 미카엘라를 본채만채 한다. 그날로부터 한 달이나 지났지만 둘의 사이는 여전히 소원하다. 아니, 미카엘라는 사과하고 싶어 했는데 메타트론이 모른 척하고 있다고 할까. 안타깝지만 시간이 좀 더 필요한가 싶어 섣불리 끼어들지 않고 있었다.

"알았어, 지금 간다고."

무대에 오르자 이미 사람들이 잔뜩 모여있었다. 연합헌터단을 구성할 천여 명의 헌터들과 그 몇 배나 되는 손님들이 식장을 가득 채운 상태다.

가볍게 웅성거리는 소리.

내 얼굴에 꽂히는 수많은 시선.

한 달 전에 피가 흐르던 이 전쟁터에는 행사용으로 준비된 화려한 꽃과 소품이 가득하다. 나는 단상 위의 자리에 앉았고 곧 메타트론과 미카엘라도 나타났다.

"오늘의 주인공은 그대다."

사회자가 식순에 따라 순서를 진행하는 동안 메타트론이 내게 나직하게 속삭인다.

"나 같은 게 자격이 있을까?"

"물론이다. 유제아 네가 아니면 누가 자격이 있겠느냐? 이 자리에 설 때까지 네가 이룬 것들은 용기, 승리 같은 간단한 단어들로 정의가 가능하지만, 모두 쉽게 가질 수 없는 것들이지."

어느새 미카엘라가 모두에게 연설을 하고 있었다. 연합헌터단의 당위성과 앞으로의 비전 등을 말이다. 그리고 그녀의 연설이 끝났을 때 마침내 내 시간이 왔다. 미카엘라는 나를 지목하며 외쳤다.

"여기 연합헌터단의 단장으로 임명하고자 하는 위대한 영웅이 있다. 메타트론의 화신이자 대군주급 몬스터 르카를 살해한 유제아 위원을 박수로 맞이하도록!"

미카엘라의 말에 나는 자리에서 일어났고 곧 우레와 같은 박수가 터졌다. 내가 마음에 들든 말든 모두들 내가 이번에 이룬 무훈만은 인정하는 모양이었다. 인간이 대군주급 몬스터를 잡았단 사실에 모두 경악을 금치 못했다. 인터넷에선 아직도 그 얘기가 계속되고 있을 정도였다. 나는 모두의 앞에서 메타트론에게 커다란 깃발을 받았다.

"유제아, 그대를 연합헌터단의 헌터를 총괄하는 지휘관으로 삼는다. 이제 이 깃발만 봐도 몬스터들이 두려움에 떨게 하라."

나는 메타트론에게 고개를 숙여 보인 뒤 깃발을 받았다. 이어서 미카엘라가 내게 지휘봉을 하사했다.

"유제아, 미카엘라 클랜의 헌터들 역시 그대의 지휘를 따를 것이다. 연대하여 적을 섬멸하라."

깃발과 지휘봉.

두 대천사가 모두 나를 최고 지휘관으로 인정한 셈이었다. 그런데 미카엘라의 선물은 하나 더 남아 있었다. 바로 태양의 펜던트다. 이건 원래 내가 보관하고 있었지만 워낙 유명한 물건이라 별다른 이유도 없이 차고 다니기 애매했다. 그랬다가는 헌터들을 만날 때마다 질문 공세에 시달리게 될 거다. 그래서 아예 이 기회에 공식적으로 받으려는 것이다.

"그대 가는 길에 태양의 축복 있기를."

미카엘라가 목에 걸린 펜던트를 풀어서 직접 내 목에 걸어주자, 식장 안에서 탄성이 터진다.

"아니, 저건 대천사님의 마법 물품 아닙니까!"

"신물이오! 그야말로 신물이 인간에게!"

손님들뿐 아니라 연합헌터단의 헌터들도 모두 놀란 기색이었다. 그도 그럴 게 이 펜던트는 미카엘라의 상징과도 같은 물건이었다. 그런 물건을 공식적인 자리에서 건네주는 거니 다들 범상치 않은 의미가 있다고 생각하는 모양이었다. 그나저나 태양의 펜던트, 미카엘라의 가슴골 위에 있었던 탓인지 체온이 아직 남아있는데.

"감사합니다. 미카엘라님."

나는 그녀에게 감사를 표했다. 뭐랄까, 참 기분이 묘한데. 시한부 인생에 불과하던 하이에나가 지위도 힘도, 재력도 모두 가지게 되다니.

지금 인간 중에 나보다 강한 이는 없었다.

대군주급과 싸울 무력.

휘하에 천여 명의 헌터.

서열 1위, 2위 대천사의 지지.

35조가 넘는 막대한 재산.

그야말로 인간계 정점에 선 순간이었다.

"후우…."

가볍게 숨을 내쉬고는 단상에 섰다.

수천의 시선이 내게 꽂힌다. 그들에게 나는 어떻게 보여지고 있을까?

메타트론의 화신?

대군주급을 죽인 유일한 인간?

벼락출세한 하이에나?

하지만 내가 진정으로 원하는 모습은 그게 아니다. 그래서 이런 기회가 왔을 때 모두에게 선언했다.

"지금 이 자리에서 선언합니다. 3년 안에 왕을 죽이겠습니다."

내가 원하는 건 종결.

그리고 그 끝에서 시작될, 평범한 일상이었다.

에필로그

행사 이후 떠들썩한 연회가 이어졌다.

연합헌터단의 출범을 축하하는 이 술자리는 자정이 지나도록 식을 줄을 몰랐다. 평소라면 일찌감치 자기 원룸에 틀어박혔을 메타트론 역시 오늘만큼은 상석을 지키고 있었다. 원래 절대 저럴 위인이 아니나 나와의 약속 때문에 그렇다. 익숙하지 않은 술자리가 꽤 답답해 보였는데 이후에는 나름대로 즐기는 법을 찾아낸 모양이다.

연합헌터단의 헌터들에게 술을 하사하며 한껏 콧대를 드높이고 있었다. 헌터들은 위대한 서열 1위의 대천사에게 술을 받는다는 사실에 감격해 했고, 메타트론은 그런 태도에 만족한 모양이었다. 연회에서 하나라도 즐길 걸 찾아서 다행이다.

이제 예전처럼 외면하기만 해서는 안 된다. 메타트론도 사람들도 부딪치며 사는 법을 익혀야 했다. 녀석의 체질에 영 맞지는 않겠지만 앞으로 하나씩, 하나씩 배우면 된다. 그러다 보면 아이 같은 저 녀석도 관록이 붙겠지.

그래도 메타트론의 얼굴에는 웃음기 하나 없어서 헌터들은 굉장히 그녀를 어려워하고 있었다. 하긴 저 녀석, 나 말고는 무척 냉랭한 편이니까. 그래도 좀 상냥하게 대해주지. 어느 정도였냐면 손님으로 참석한 엽왕 임철웅조차 메타트론과 눈을 마주치지 못했다.

그는 미카엘라를 상대로도 저러지 않는데 메타트론은 역시 급이 다른 걸까. 저 능구렁이 같은 엽왕이 식은땀을 흘리며 시선을 피하는 꼴이 좀 재밌긴 했다. 역시 메타트론이 편한 건 나랑 지아 누나 뿐인 것 같았다.

"유제아, 너 지금 네 한 마디, 한 마디가 얼마나 파장이 큰지 알아? 천사와 인간 모두가 널 주목하고 있다고. 이제는 다들 알아챘어. 사실 네가 실세였다는 걸."

내 옆에선 스이엘이 아직도 잔소리 중이었다. 그녀는 꽤 취한 상태다.

"못할 말 한 거 아니잖아."

이런 잔소리가 이해가 되는 게 왕을 죽이겠다는 말은 그야말로 파란을 일으켰다. 그간의 몬스터와의 대치 상태를 깨고 적극적으로 북진하겠다는 의지로 비춰졌기 때문이다.

"너 말이야. 대놓고 전쟁을 선포한 거라고. 싫어하는 사람들이 얼마나 많은지 몰라? 딸꾹!"

지금 이 애매한 소강상태에서 이득을 누리는 자들이 꽤 많다. 단적으로 헌터들도 그런 예 중 하나였다. 사실 지금은 몬스터 사태가 한창이던 때처럼 매일 헌터들이 죽어나가는 시절은 아니다. 여전히 위험하긴 했지만 헌터들은 계획적으로 사냥하며 많은 돈을 벌고 있었다. 솔직히 다들 돈 벌 궁리만 하고 있었다. 그런데 내가 전면전을 선언하는 거나 마찬가지인 이야기를 했으니, 그 파장이 엄청날 수밖에.

"어차피 내가 아니더라도 몇 년 후면 상처를 완전히 회복한 메타트론이 다시 날뛸 거야. 어리석은 사람들. 발밑이 무너지는 줄도 모르고 눈앞의 평화에만 젖어있다니. 몬스터를 완전히 몰아내지 않으면 인간에게 안전은 없어."

그리고 나는 원한다.

별빛 아래서 메타트론에게 했던 약속을 실현하기를.

"후… 내가 더 말해봐야 뭐하겠어."

스이엘은 포기한 듯 소주로 병나발을 불었다.

"캬아!"

그러더니 술을 더 가져오라고 소리를 질러댄다. 이거 술 들어가니까 완전히 진상이네.

"너는 말이야. 나한테 지은 죄를 어떻게 갚을 건지나 고민해 보라고."

"유제아, 회식 자리에서 술 맛 떨어지게 꼭 그 말을 꺼내야겠어?"

"뭐? 그래서 신경쓰지 않겠다?"

"아니. 그건 아니구…."

스이엘과 내 관계는 완전히 역전됐다. 이래서 사람은 죄 짓고 살면 안 된다니까. 요즘 스이엘은 나라면 빌빌 기고 있었다. 그런데 그때 메타트론이 자리에서 일어났다.

"본녀는 이만 물러가 보겠다. 모두 편히 즐기도록 하라. 가기 전에 건배를 제안하고 싶구나."

메타트론은 술이 아니라 오렌지 쥬스를 내밀었지만 그걸 문제 삼는 이는 없었다. 그나저나 제법이네. 윗사람은 이제 빠질 테니 편하게 놀아라 라는 분위기를 연출하면서, 축하연에서 도망가려는 거다.

"연합헌터단의 승리와 발전을 위하여!"

"위하여!"

충분히 할 만큼 해줬으니 모른 척할까. 더 있다가는 헌터들 쪽이 숨 막혀서 죽을 것 같기도 하고. 그런데 메타트론이 나가면서 손가락으로 나를 부른다. 무슨 일일까. 따라가 보니 복도에서 그녀가 내게 한 가지를 부탁한다.

"미카엘라를 불러 주거라. 사육신 공원에서 기다린다고 하면 된다."

드디어 얘기해 보려는 건가. 한 달이나 피해 다니더니.

"알았어."

메타트론이 그렇게 먼저 떠나자 나는 미카엘라를 찾아갔다. 그녀 역시 막 자리에서 일어선 참이었다. 아무래도 대천사가 계속 버티고 있으면 불편한 점이 있겠지. 특히 미카엘라의 경우는 다들 어려워하니까.

"미카엘라님. 잠시 얘기를 할 수 있겠습니까?"

끄덕.

미카엘라는 잠자코 날 따라나선다. 그리고 사람이 없는 곳에 오자마자 묻는다.

"무슨 일인 거니?"

"용건은 내가 아니라 메타트론이야."

"정말?"

"그래. 사육신 공원으로 가봐. 지금 널 기다리고 있어."

미카엘라는 내 말에 기뻐하면서도 불안한 표정이었다. 하긴 그렇겠지. 한 달간이나 경원시 됐으니. 미카엘라는 겉으로는 태연함을 가장했지만 속으로는 온갖 생각이 다 들었을 거다. 이전에야 메타트론과의 우정이 파괴되더라도 목적만 이루면 상관없다는 마음가짐이었지만, 이제 그녀는 달라졌다. 그러니 친구의 행동이 신경 쓰일 수밖에.

"괜찮을까?"

많은 게 담긴 그녀의 물음에 나는 고개를 끄덕였다.

"물론. 네가 친구로서 만나러 간다면."

등을 떠밀자 미카엘라는 주저하면서도 사육신 공원으로 향한다. 사육신 공원은 노량진에서 유일하게 나무와 꽃이 있는 곳이다. 원래는 파괴된 공원이었는데 미카엘라가 아름답게 다시 꾸몄다. 안에 들어가면 마법의 도움으로 시들지 않는 꽃이 가득했다.

그렇게 미카엘라가 떠나자 나도 슬쩍 따라붙었다. 이렇게 재밌는 구경거리를 놓칠 수 없지. 그런데 그런 생각을 하는 건 나뿐이 아니었던 것 같다. 어느새 나타난 스이엘이 옆에 달라붙는다.

"하여간 눈치 하나는…."

"말했잖아. 스이엘은 바보지만 눈치는 좋다고."

어쩐지 좀 얄미워서 볼을 꼬집어 줬다.

"아야! 아파!"

"시끄러. 앞으로 네 볼은 내 전용 찹쌀떡 같은 거라고. 이제부터 만지고 싶을 때마다 만질 거야."

"그런 게 어딨어!"

당연히 스이엘은 따지고 든다. 하지만 난 물러날 생각이 없었다. 그녀의 말랑말랑한 볼은 내게 전리품 같은 것이다.

"불만이냐?"

"아니, 그런 건 아니고…. 남자가 이렇게 막 만지는 것도 처음이고."

"그래도 난 만질 거야."

"그, 그런…."

스이엘은 표정에 불만이 있어 보였지만 뭐라 말은 못한다.

"네 볼은 뭐다?"

그 말에 스이엘은 좀 볼을 붉히면서 대답한다.

"…유제아 전용 찹쌀떡."

나는 스이엘이 처음으로 진짜 귀엽다는 생각이 들었다. 곧 우리는 함께 사육신 공원으로 향했다.

미카엘라는 떨리는 심경으로 공원 입구에 도착했다.

쿵. 쿵. 쿵.

심장이 뛰는 소리가 남에게 들리지 않을까 싶을 정도였다.

'르카의 함정에 들어갈 때도 이렇지는 않았는데….'

미카엘라는 자신이 친구를 만나는데 두려움을 느끼고 있다는 걸 깨달았다.

'아니, 이젠 친구라고 부를 수 있는지도 모르겠어.'

지난 한 달간 메타트론과 소원했음에도 미카엘라는 적잖이 안심했던 게 있다. 두려워하는 부분에 대한 선고가 계속 유예되고 있었기 때문이다. 메타트론과 마주치지 않는다면 적어도 그녀에게 너는 이제 내 친구가 아니다란 말은 안 들으니까.

하지만 미뤄왔던 일의 심판이 다가왔다. 미카엘라는 할 수만 있다면 이대로 그냥 돌아가고 싶었다. 그러나 머뭇거린다고 목적지에 도착하는 걸 피할 수는 없는 일.

'마음을 바꿔 먹은 뒤로 모든 게 힘들구나.'

미카엘라는 곧 약속 장소에 도착했다.

그곳에는 메타트론이 등을 돌리고 서있었다.

"왔느냐."

"그래…."

둘은 한참이나 말이 없었다. 그러다 미카엘라가 먼저 입을 열었다.

"미안해. 네게 꼭 사과를 하고 싶었단다. 내 멋대로 한 모든 행동에 관해서."

"……."

"나는 말이야. 산달폰을 잃어버렸던 게 내 망설임 때문이었다고 생각해 왔단다. 우리가 상대하고 있는 괴물들은 그런 잠깐의 망설임이 있을 때를 귀신 같이 노려, 소중한 존재를 낚아채 가곤 했지. 그래서 몇 번이고 다짐했어. 망설이면 안 되는구나. 가장 중요한 걸 지키기 위해선 무언가가 부서지는 걸 걱정해서는 안 되는구나. 그리 생각했단다. 그런데 말이야. 결국 나는 아무 것도 하지 못했던 것 같아. 르카를 참살하고 노량진을 지킨 것도 결국 네 화신인 유제아였지."

미카엘라의 목소리에는 회한이 묻어났다.

"나는 너희 자매를 정말로 좋아했단다. 그리고 너희에게 많은 걸 받았지. 그런데 그 마음에 보답하지 못해서 미안해. 산달폰을 지키지 못했고… 너 역시 지키지 못했지. 정말 미안해. 심지어 나는 네 곁에 있어주는 정도도 하지 못했지."

미카엘라는 씁쓸한 말투였다. 그렇게 미카엘라의 말이 끝나자 메타트론이 몸을 돌렸다. 돌아본 그녀의 표정은 평소의 그대로였다.

"사과는 다 한 것이냐?"

"……그래."

"좋다. 그렇다면 머리를 숙여 보거라."

"아! 미안."

미카엘라는 사과하면서 머리를 숙이지 않은 걸 지적한다고 생각했다. 그래서 푹 고개를 숙였다. 그런데 메타트론이 생각지도 못한 행동을 했다.

"저? 메타트론?"

"어허! 가만히 좀 있어 보거라. 똑바로 매야 하지 않겠느냐."

머리를 숙여보라고 한 메타트론은 손을 뻗어 미카엘라의 안대를 풀어냈기 때문이다. 그리고는 자신의 품에서 새로운 안대를 꺼내 미카엘라에게 매어준다.

"키가 어찌 이리 큰 것이냐. 본디 여자란 아담한 게 제일인 것을, 무슨 다리가 이리 길단 말인가. 참으로 탐욕스러운 여자로고! 가슴에 그리 살이 올랐으면 됐지 다리까지 이리 늘씬하니, 보는 입장에선 기가 막힐 따름이다."

"저…?"

"다 됐다. 이 거울이라도 한 번 보거라. 맘에 들었으면 좋겠구나."

메타트론은 품에서 손거울을 꺼내서 내밀었다. 미카엘라는 거울에 비춘 자신의 모습을 보고는 가볍게 탄성을 질렀다. 새로 맨 안대가 무척 귀여웠기 때문이다. 꽃문양이 들어간 수제 안대였다. 메타트론은 미카엘라가 착용한 걸 보고 만족한 듯 고개를 끄덕였다.

"좋구나. 해적도 아니고 검은 안대는 좀 그렇지 않느냐."

"…저, 메타트론. 혹시 직접 만든 거니?"

"그렇다. 솜씨가 서툴러서 한 달이나 걸려버렸구나. 사실 진작 전해주고 싶었는데 몇 번 실패하다보니 시간을 잡아 먹었……."

메타트론을 말을 다 끝마치지 못했다. 미카엘라가 와락 껴안아 버렸기 때문이었다. 키가 큰 미카엘라라 그런지 메타트론은 그녀의 품에 쏙 들어갔다.

"메타트론!"

"…원, 그렇게 마음에 들었던 것이냐? 쿠후후후. 아, 감동한 건 알겠는데 좀 놔주면… 가슴이 커서 숨이 막히지 않느… 으읔! 호흡이! 정신이 몽롱해진다… 가슴에 눌러 죽다니 이런 비참한 최후가…."

메타트론은 겨우 미카엘라를 몰아냈다. 그리고 숨을 가쁘게 몰아쉰다.

"후우! 후우! 후아! 이 슴가뚱뚱! 역시 너는 좋아하려고 해도 좋아할 수가! 으으읔!"

메타트론은 말을 끝마치지 못했다.

"메타트론! 정말 좋아해!"

미카엘라가 더욱 세게 껴안아 버렸기 때문이다. 메타트론은 결국 포기하고 말았다. 그리고는 친구의 등을 토닥여줬다.

"본의 아니게 피해 다녀서 미안하구나. 뭔가 서프라이즈하게 선물해주고 싶어서 말이다. 그대도 알겠지만 본녀가 뭔가 숨기는 게 있으면 무척 티가 나지 않느냐. 깜짝 선물을 준비하고 있다는 게 들킬까 싶어서 그랬다. 이해하거라."

미카엘라의 걱정과 다르게 메타트론은 선물을 준비하느라 한 달 동안 그녀를 피해 다녔던 거다.

"메타트론…."

결국 미카엘라가 눈물을 보이자 메타트론은 놀라서 허둥거렸다.

"왜 우는 것이냐? 본녀가 무슨 실수라도…."

"고마워. 정말로 고마워. 언제나 소중히 할게."

한 번 눈물을 쏟아내기 시작하자 미카엘라의 눈에서는 눈물이 끝없이 솟아난다.

"흐윽! 흑으윽…."

메타트론은 미카엘라가 이렇게 우는 걸 처음 보았기에 적잖이 놀라고 말았다. 하지만 이런 때만은 한정적으로 어른스러워지는 그녀였기에 친구를 잘 토닥였다.

"원! 평소에는 무표정하고 감정도 없어 보이더니, 속으로 눈물을 모아놓고 있었구나. 이런, 덩치만 큰 아이나 다름없지 않느냐."

메타트론은 미카엘라가 원하는 만큼 울도록 내버려 두었다. 그저 묵묵히 손수건으로 미카엘라의 볼을 닦아줄 뿐이었다. 그리고 미카엘라가 좀 진정되자 입을 연다.

"너는 산달폰과의 약속을 훌륭히 지켜냈다. 그러니 자책할 것 없느니라. 네가 아니었으면 노량진을 점령하는 것도 불가능했겠지. 네가 도우러 와줬기 때문에 가능했던 일 아니겠느냐. 그리고 이번 일

도 결국 네 계획대로 된 것이다. 노량진 땅을 탐내던 모두로부터 훌륭히 지켜내지 않았느냐. 그러니 미카엘라…….”

“응?”

“이제는 산달폰과의 약속에 얽매이지 말거라. 너는 충분히 잘 해줬다.”

그렇게 말하면서 메타트론은 미카엘라의 손목에 있던 산달폰의 팔찌를 풀러줬다.

“약속에 묶여서 정작 중요한 것을 외면하지 말거라. 본녀가 원하는 건….”

메타트론은 다시 한 번 미카엘라를 꽉 껴안아줬다.

“본녀가 원하는 건 다른 게 아니라 미카엘라 너다. 네가 곁에 있어준다면, 본녀는 그것으로 충분하다고 생각한다.”

미카엘라는 잠시 망설였다. 메타트론에게 어찌 답해야 가장 좋을지 고민스러웠기 때문이다. 그러다 유제아가 해줬던 말이 떠올랐다. 그는 얘기했다. 친구로서 만나러 가라고.

“그래. 그렇게 할게. 나는 네 친우인 미카엘라니까.”

미카엘라는 다짐했다.

이제부터는 계속 곁에 있겠다고.

“훈훈하네.”

“그러게.”

스이엘과 나는 나무 뒤에 숨어서 몰래 메타트론과 미카엘라를 훔쳐보고 있었다. 서로 잘 화해한 것 같았다. 곧 둘은 꽃밭에 나란히 앉아서 두런두런 얘기를 하기 시작한다.

"이만 비켜주자고. 더 보는 건 실례야."

내 말에 스이엘은 고개를 끄덕였고 우리는 조심스레 그곳을 빠져나왔다. 모든 게 잘 해결된 것 같아서 다행이었다. 이제 연합헌터단은 탄탄대로다.

"앞으로 어쩔 거야?"

스이엘의 물음에 나는 왕을 죽이겠다고 하지 않았냐고 답했다.

"아니, 그 전에 할 일이 많잖아. 왕은 현재 평양에 있으니 거기까지 가는 과정이라던가."

"하긴 그렇지. 일단 강북부터 점령해야지. 이번에 창경궁의 주인이 죽긴 했지만 경복궁의 주인은 건재해. 게다가 강북에는 군주급 몬스터가 바글거리고 있고."

"그리고?"

"음, 하얀 거인을 찾아보고 싶어."

"하얀 거인?"

"응. 아버지의 원수거든."

나는 몬스터 사태 때의 일을 얘기했다.

"저런 유감이야. 아버지가 그렇게 돌아가시다니."

"이제는 괜찮아. 다 지난 일인 걸."

"그나저나 그때부터 메타트론과 만났던 거구나. 인연은 인연이네."

"그렇긴 하지."

"그나저나 앞으로 고생이겠구나. 힘내."

"고마워. 앞으로는 누가 속만 안 썩이면 잘 할 수 있을 거 같아."

말에 뼈가 있었기 때문에 스이엘은 불만 어린 표정이 된다.

"내가 뒤통수치고 싶어서 쳤나. 위에서 시키니까 한 거지."

"알아. 아니까 너랑 지금 이렇게 같이 있는 거고. 안 그랬으면 껍질을 벗겨버렸을 거야."

"뭐? 껍질을 벗긴다고? 그, 그런… 순진한 소녀에게 음흉한 짓을."

왜 갑자기 얼굴이 붉어지고 그러는 건데.

"저기요?"

"히히. 농담이야. 아무튼 지난 번 일은 정말 미안해. 정식으로 사과할게."

스이엘이 갑자기 무릎을 꿇는다.

아니, 너무 본격적인 사과 아니냐.

"이럴 것 까진 없어."

일으키려 했지만 스이엘은 버티며 거절한다.

"아냐, 그래도 내가 잘못한 건 사실인 걸. 정말 미안해. 원한다면 널 위해 나체쇼라도 할 수 있을 정도로 미안한 마음이야."

갑자기 마음이 짜게 식기 시작한다.

"몸매는 걱정 안 해도 돼. 생각보다 볼만하다고? 나 이래 뵈도 상당히 관리하고 있으니까."

은근한 두통 역시 밀려온다.

"사과할 때만이라도 좀 진지해졌으면 좋겠는데?"

"미안. 그렇지만 나 땅바닥에 무릎 꿇고 있잖아. 이런 천사가 어디 있어?”

“안 꿇어도 되니까 다음에는 뒤통수치지 말아줘.”

내 말에 스이엘은 끄덕인다.

“이제는 절대 네게 그런 짓하지 않을게. 설령 미카엘라님이 시키더라도 말이야.”

“정말?”

“응. 사실 널 배신했을 때 마음이 아팠어. 그런 짓은 다시 하고 싶지 않아.”

그렇다면야…. 나는 그녀를 일으켜 세웠다. 어째 이 골칫덩어리 천사는 미워하려고 해도 그게 쉽지 않았다.

“용서할게. 그러니까 이제 됐어.”

“고마워. 그래도 말로만 사과하는 것도 좀 아닌 것 같아. 유제아.”

“왜? 뭐라도 주게? 됐어. 이미 너한테 이것저것 많이 받았는 걸. 지금 입고 있는 이것도 네가 사줬던 거고.”

과거 스이엘은 전재산을 털어서 날 도와줬다. 지금 조끼 안에 입고 있는 함의 야행복도 그때 받은 거다.

“막상 보면 그렇게 말할 수 없을 걸? 솔직히 미카엘라님이 시켰다고 하지만 나도 엄청 미안했던 게 사실이고… 여러 가지로 네 신세를 졌단 말이지. 네가 미카엘라님을 도와준 거 정말 고맙게 생각하고 있어. 르카와 자폭할 뻔한 미카엘라님을 살려줬잖아. 그리고 모든 사태가 사실 메타트론님과 미카엘라님의 합작이었다고 뻥 친 것도 네가 한 일이고.”

“저기, 뻥이라고 하니까 너무 저렴하잖아. 정치적 수완을 발휘했다고 표현해 줄래?"

"히히히히. 뭐? 정치? 네가?"

스이엘은 웃음을 터뜨리며 내 팔을 때려댄다. 재밌어 죽겠단 태도였다.

"아, 왜 이래. 아파."

"알았어. 호호호. 아무튼, 미카엘라님이 자신을 속박하고 있던 약속에서 벗어나 다시 한 번 메타트론님의 친구가 될 수 있었던 건 순전히 네 덕분이라고."

얘가 왜 이리 내 얼굴에 금칠을 하고 그래. 부끄럽게.

"흠흠!"

민망해서 헛기침을 하니까 스이엘이 씩 웃는다.

"이번에 너는 정말 멋있었어. 마치 애니메이션 속의 주인공처럼 히로인을 구해냈다고. 솔직히 나도 좀 반했으려나?"

"…그건 좀 거절하고 싶은데."

"어머? 내가 어때서! 엄청 깜찍하잖아! 귀여운 거 하면 이 스이엘님이시라고!"

예쁜 건 인정하겠지만, 본인 입으로 깜찍 운운하는 시점부터 이미 아웃이라고. 그냥 너는 내 찹쌀떡이야. 생각난 김에 다시 한 번 꼬집었다.

"아야!"

"스이엘 넌 뭐다?"

"으읏… 유제아 전용 찹쌀떡."

나는 한참 스이엘의 말랑말랑한 볼을 만족할 때까지 만졌다.

"으잇! 그만 만져."

아아, 기분이 고양된다.

"아! 앙 돼. 뭔가 기분이 이상해!"

아아, 무언가 충만해진다.

"꺄앗! 자꾸 그렇게 주무르면 민감해져 버려!"

음? 지금 나 볼을 만지고 있는 것 맞지?

뭔가 더 나아갔다가는 큰일이 날 것 같으니 이쯤하자. 충분히 만족하기도 했고.

"그래서 주겠다는 게 뭔데?"

"이 티켓을 네게 줄게."

"음?"

스이엘이 품에서 건네준 건 잘 만들어진 티켓이었다. 까만 색으로 만들어진 품이 꽤 고급스럽다. 티켓에는 금박이 된 글자로 이렇게 쓰여 있었다.

Suiel's Maid club Ticket

글씨 옆에는 SD로 그려진 스이엘 그림이 있었다. 깜찍한 표정의 스이엘이 메이드 복을 입은 모습이었다. 그런데 아래 써있는 글씨가 대박이었다.

유제아님 전속 메이드 대기 중

메타트론, 미카엘라, 스이엘.

사진 촬영 가능. 티켓 사용시 즉시 개점.

"뭐야, 이게. 하하하."

어이가 없어서 웃음이 터졌다.

장난이라고 생각했기 때문이다. 그런데 의외로 스이엘은 진지했다.

"모두 네게 신세졌다고 생각하고 있으니까. 나 혼자 결정한 게 아니라고. 이번에 너를 연합헌터단의 단장으로 임명하긴 했지만 우리도 개인적인 보답을 하고 싶다고 생각했어."

"이거 정말인 거야?"

"그래. 아이디어는 이 스이엘님이 내셨지만. 오로지 너 하나만을 위한 하루만 개점하는 메이드 클럽이야."

"어느 애니에서 본 거야?"

"아, 이번 분기 최고존엄이 '어서 오세요! 밤의 메이드 클럽에!'거든. 정말 재밌게 본 작품이라 스이엘도 꼭 한 번 해보고 싶었거든. 데헷! 기대해줘, 메이드복도 신경 써서 골랐으니까."

"그냥 네가 재밌을 것 같아서잖아."

"쫀쫀하게 굴지 말라고, 유제아. 그냥 즐기기만 하면 되니까. 세상에 너 아니면 누가 메이드복 차림의 미카엘라님과 메타트론을 구경하겠어. 특히 미카엘라님의 메이드복은 흉부 노출이 정말 대단하니까, 잊지 못할 추억이 될 거야. 스이엘이 특별히 미카엘라님이 네 앞에서 몸을 숙여서 인사하게 해줄게. 잘 보일 거라고."

뭐가 잘 보인다는 걸까. 그런데 나는 왜 이렇게 기대되는 걸까. 미카엘라의 풍만하고 새하얀….

"참! 너 중증 시스콘이지? 유지아도 메이드복 입혀서 참가시켜 줄까? 하긴 네 누나, 얼굴이랑 몸은 정말 쓸모있어 보이니까."

"대체 누가 그러는데! 내가 시스콘이라고!"

"흠? 유지아가 직접 얘기해준 건데? 너 요즘도 누나랑 같은 침대에서 잔다며? 그게 시스콘이지 뭐야."

"으아아아아아아! 유지아!"

오늘 돌아가면 누나를 가만 안 둘 작정이다. 모르는 사이에 내 사회적 지위를 얼마나 박살내고 다닌 거야.

"걱정 마, 유제아. 다들 네가 답 없는 시스콘인 건 알고 있다고. 하지만 모두 이해해 주고 있잖아. 누구에게나 왜곡된 욕망은 있는 법이지."

스이엘은 정말 엉큼한 녀석이라는 듯 히히 웃어댄다.

"윽…."

갑자기 위까지 아파온다. 아무래도 소문은 이미 수습 불가였던 것 같다.

"그래도 메이드 클럽보다는 메이드 카페가 더 자연스럽지 않나?"

"아, 클럽이 좀 더 야한 느낌이잖아? 호호호."

물어본 내가 바보다. 아무래도 이번 이벤트는 철저히 스이엘 취향으로 기획되어 세상물정 모르는 순진한 대천사 둘이 동원되는 것 같다. 그나저나 메이드복 입은 메타트론과 미카엘라라….

솔직히 굉장할 거 같은데.

"저기 침을 흘리고 있거든?"

스이엘의 지적에 서둘러 입을 훔쳤지만 아무 것도 없었다.

앗, 당했다.

"흐흐흐."

음흉한 웃음소리와 함께 스이엘이 다 안다는 표정으로 날 바라보고 있을 뿐이었다.

"그래, 결국 남자는 메이드복이면 충분히 좌지우지할 수 있는 간단한 존재지. 깔깔깔."

이런. 갑자기 얼굴이 뜨거워지는 느낌이다.

"저, 저기. 이건 말이야."

"됐어. 맘에 든 것 같으니까 스이엘도 기쁘네. 그날은 전력 봉사할 테니까 기대해 주는 거야!"

거기까지 말한 후 스이엘은 명랑하게 웃었다.

꿀꺽.

나는 황금빛 티켓을 손에 쥐고는 마른침을 꿀꺽 삼킬 따름이었다. 단 한 사람만을 위한 메이드 클럽이란 말인가. 내가 읽던 라이트노벨에도 이 정도 상황은 없었는데….

일주일 뒤.

연합헌터단 출범으로 바쁜 일도 끝나고 다시 평범한 일상으로 돌아왔다. 그래서 잊고 있던 문제를 처리하기로 했다. 바로 미카엘라에게 태양의 펜던트를 대체할 물건을 사주는 일이었다. 그 무시무시한 폭발 기능 때문에 태양의 펜던트를 압수하긴 했는데, 그 만큼 미카엘라의 전투력을 떨어뜨린 것도 사실이다. 그래서 공백을 메워줄 새로운 아이템을 찾고 있었다.

뭔가 적당한 게 없을까 싶어 여기저기 수소문 했는데, 대천사 바라카엘의 상점에 괜찮은 게 있다는 걸 알아냈다. 대천사 바라카엘은 염왕 임철웅을 휘하에 두고 있는 자다. 다행히 임철웅과는 원만한 관계를 유지하고 있었기에 바라카엘과의 상점을 이용할 수 있었다.

그렇게 구매한 마법 물품의 가격은 3조 2,000억. 마법 물품 하나로는 어마어마한 가격이긴 했으나 내 재력이면 감당할 만했다. 게다가 미카엘라는 단순한 동업자가 아니다. 그녀는 나의 노예다. 하니 그녀의 전투력을 강화하는 건 내게 이로운 일이었다. 그렇게 바라카엘 클랜을 다녀온 후 며칠 뒤 미카엘라의 성소에 가 그녀를 만났다.

"어쩐 일로 온 것이니?"

"무슨 일이 있어야 올 수 있는 거야?"

"꼭 그건 아니지만…."

그래도 서열 2위 대천사의 성소를 옆집 정도로 편하게 온 건 좀 그렇나.

"내 게 잘 있나 보러 온 거라고."

"윽!"

무표정하던 미카엘라가 약간 수치스러운 얼굴이 된다.

"내 것이라니. 표현이 엄하지 않느냐."

"뭐, 그렇긴 한데. 내 노예란 말도 그렇잖아. 그렇다고 내 수하인 것도 아니고…."

말 그대로 순수하게 미카엘라는 내 것이 되어 버렸다. 그래서 그냥 그렇게 표현한 거다. 딱히 다른 의도가 있는 건 아니다. 내 노예란 말은 입 밖으로 내기는 좀 불편하게 느껴졌다.

"…그건 그렇지만."

미카엘라도 더 반론하지 못했다. 약간 어색한 느낌이었기에 나는 다른 주제를 꺼냈다. 지난 사건에 대해선 아직 할 말이 많았으니까.

"그런데 말이야, 너. 지난번에 내가 메타트론을 구하려고 했을 때 날 정말 죽이려던 기세더라?"

반쯤 농담으로 책망하듯 묻자 미카엘라는 의외로 진지하게 대답한다.

"미안하구나. 하지만 어쩔 수 없었단다."

"음?"

"그때 내 뒤에 헌터가 하나 있던 걸 기억하니?"

아, 그러고 보니. 메타트론을 구출하러 갔을 때 미카엘라의 뒤에 처음 보는 헌터가 있었다. 크게 신경 쓰지 않았지만 지금 생각해 보니 좀 이상하긴 하다.

내가 고개를 끄덕이자 미카엘라가 설명한다.

"그 헌터, 겉보기에는 우리 클랜의 헌터 같았지만, 사실 군주급 몬스터였단다."

"뭐? 정말?"

끄덕.

"이름은 다르쿠다. 극염의 대군주 르카가 총애한 심복 가운데 하나였단다. 당시 나는 몬스터 웨이브를 일으키기 위해서 그들과 거짓으로 협력 중이었지. 그래서 다르쿠다가 직접 상황을 살펴보기 위해

왔던 것이란다. 그런데 우리엘이 끼어들어서 일이 꼬였던 거지."

그랬던 거군. 이어진 미카엘라의 말을 들어보니 나와 메타트론을 제압한 뒤 안전한 곳에 숨기려 했다고 한다.

"그 다르쿠다란 군주급 몬스터를 주의해야하겠는 걸? 사람으로 변신할 수 있다니. 전혀 몰라었는데."

"그렇지. 나도 다르쿠다에 대해 계속 신경 쓰고 있단다."

한동안 그런 얘기를 하다가 미카엘라가 내게 묻는다.

"역시 무슨 용건이라도 있는 것이니? 그냥 얘기나 하러 온 건 아닌 것 같은데."

"응. 사실 말이야. 이걸 주려고 왔어."

나는 미카엘라에게 준비해 간 상자를 꺼내 놨다.

"이건?"

"열어보면 알아."

안에는 내가 바라카엘의 상점에서 직접 산 S등급 마법 물품인 '네리스의 반지'가 들어있다. 이 반지가 지금은 내 목에 걸린 태양의 펜던트를 대신해줄 것이다. 물론 S+등급인 태양의 펜던트만은 못하겠지만 꽤 도움이 될 거다.

일단 3조가 넘는 최고 수준의 반지라고. 구매할 때 보니까 큼직한 루비가 박힌 게 굉장히 예쁘기도 했다. 장식적인 효과도 뛰어날 것 같다. 그리 생각하며 고개를 끄덕이고 있는데 매우 당혹한 음성이 들려왔다. 늘 침착한 미카엘라가 드물게 동요하고 있었다.

"아…? 아아! 이건…."

음? 왜 그러지?

S등급 마법 물품이 대단하긴 해도 미카엘라 정도면 그리 놀랄 것도 아닌데. 그렇게 감동적이었나.

"미카엘라 뭘 그 정도를 가지고… 음?"

순간 나는 뭔가 일이 잘못됐다는 걸 느낄 수 있었다.

"유, 유, 유제아. 이런 파렴치한…."

미카엘라는 엄청 당황한 얼굴이었다. 홍조가 심해 볼이 폭발할 거 같은 느낌이었다. 게다가 당황했는지 말을 제대로 잇지 못한다.

하지만 가장 압권은 그녀가 지금 떨리는 두 손으로 들고 있는 물건이었다. 뭐랄까… 내가 샀던 반지가 아니었다. 그건 잘 만들어진 개목걸이였다.

그런데 생김새가 묘하다. 개가 아니라 사람이 사용하는 것 같다. 가운데에는 자물쇠가 붙어 있었는데 핑크골드로 도금된 하트 모양이었다.

"허……."

나는 이 당황스러운 사태에 할 말을 잃어버렸다. 그러다 곧 정신이 돌아와서 서둘러 변명했다.

"아니다! 아냐!"

하지만 미카엘라는 원망하는 듯한 표정으로 날 쏘아본다.

"아니긴 뭐가 아니라고 하는 거니. 이 변태. 이 하트 자물쇠의 뒤에 내 이름이 써있다. 미카엘라라고."

"허…."

범인은 대체 누구냐.

"아니, 아니, 그게 아니라니까."

"역시 그대는 파렴치하다. 주인님이니 뭐니 할 때부터 이상했다. 그러고 보니 늘 내 가슴에서 시선을 떼질 못했었지."

"아니라고! 좀!"

계속 부인하던 나는 상자 안에 쪽지가 있는 걸 발견했다. 뭐지, 이런 건 원래 없었는데. 나는 서둘러 그것을 펼쳐보았다.

좋은 배짱이구나. 유제아.

왕을 죽이겠다고 호언하더니 슴뚱이랑 연애질에 정신이 나간 게로구나. 연인에게나 주는 거라는 반지를 선물하려고 해? ~~그런 부러운....~~

'그런 부러운' 부분에서는 찍찍 그어서 지운 자국이 보였다.

그런 해이한 기강으로는 대업을 이루지 못하는 것이다. 앞으로 왕을 죽이기 전까지 누군가에게 반지를 주는 꼴은 본녀가 봐줄 수 없다.

물론 본녀에게 준다면 그전이라도 충성의 증표로 이해해 줄 수는 있다. 아무튼, 미카엘라에게 이런 예쁜 반지라니 안 어울린다. 그 녀석은 네 노예가 아니더냐. 그러니 본녀가 물질 변형 마법을 써서 원래의 효과를 유지하며 외형만 바꿔놓았다.

노예년에게 어울리도록.

악의다.

검정으로 이글이글거리는 거대한 악의가 느껴진다. 편지의 내용대로라면, 저 하트 자물쇠의 가죽 목걸이는 원래 내가 샀던 반지라는 것. 그런데 겉모습만 마법에 의해 바뀐 모양이다.

아무래도 메타트론이 제대로 오해한 듯하다. 그냥 가장 효과가 좋은 마법 물품이라 산거다. 거기에 깃든 힘이 중요한 거지 반지란 사실 자체에는 전혀 신경 쓰지 않았었다. 그런데 이런 날벼락이라니.

"아……."

이래서는 완전히 오해하겠다. 서둘러 쪽지를 보여주고 해명해야겠다.

"저기 미카엘라?"

막 그녀를 다시 부르려던 그 순간 찰칵! 하는 소리가 났다.

헉, 착용해 버린 건가.

"후우…… 내가 네 소유물인 것은 엄연한 사실. 이런 게 그리 좋다면 어쩔 수 없구나. 유제아, 너는 '소녀'의 은인이다. 언젠가 소녀의 순결을 요구해도 응해야 한다고 생각하고는 있었단다. 야속한 사람. 벌써부터 이리 구속하려고 하다니…."

뭔가 인칭대명사랑 말투가 묘하게 변했는데요!

그리고 순결이라니. 저 가죽 목걸이 하나로 대체 무슨 일이 일어나고 있는 거야.

"오해다. 그 목걸이 다시 풀 수 있을 거야. 풀고 나면 다 설명할 테니까. 보자, 열쇠가 분명히 있을 텐데…."

"체면 때문에 그리 부정할 것 없다. 이미 소녀의 정조는 네 것이다…. 오늘 밤부터 그대의 욕정에 탐욕스럽게 짓밟히겠지…. 흐윽. 어쩜 이리… 한송이의 꽃처럼 가련한 운명인지."

"아니야! 아니라고!"

자물쇠가 있다면 분명히 열쇠도 같이 있겠지.

그런데 상자를 뒤져봐도 열쇠는 안 보인다. 대신 쪽지가 하나 더 있었다. 서둘러 펼쳐봤다.

자물쇠를 풀려고? 흥! 어림없는 것이다. 노예는 언제나 노예답게 있는 법을 배우도록. 하나뿐인 열쇠는 이 몸이 파괴해 버렸으니. 흥! 꼴좋다. 반지라니, 정말 다시 생각해도 괘씸하구나.

인성 나빠!

우와, 화난 메타트론 무섭다.

내가 미카엘라에게 반지를 주려고 했던 사실 때문에 단단히 삐친 것 같았다. 게다가 순진한 메타트론은 이게 SM적인 소품이란 사실을 전혀 모르는 것 같았다. 반면 미카엘라는 스이엘의 영향을 받은 탓인지 이 물건의 정체를 정확히 알고 있었다.

"안 그래도 소녀는 네게 순종할 셈이었다. 그런데 이런 지배욕을 기어코 발현하다니, 그대는 정말 독점욕의 화신 같은 사내로구나. 소녀는 앞으로 무슨 일을 당하게 되는 걸까…. 부디 상냥하게 해줬으면…."

"갑자기 '소녀'라고 하지 마. 부담스러워."

"이런 물건을 선물한 주제에 그런 말을 하는 거니?"

할 말이 없었다. 자물쇠를 딸 방법은 이제 사라졌다. 그냥 현실을 받아들일 수밖에.

"그건 그렇네…."

이젠 모르겠다. 될 대로 되라는 듯 대답할 뿐이었다. 미카엘라는 두 손을 포갠 채 하트 모양 자물쇠 위에 올려놓고 있었다.

"조금은 단계를 밟아가고 싶지만 소녀에게 거부권은 없겠지. 억지로 소녀의 처음을 빼앗고 짐승처럼 능욕하고 싶다면, 그대답게 행하라. 나는 유제아에게 잡힌 사냥감이다. 이 육체, 부디 맘대로 즐겨주렴."

이봐요.

이제 보니까 당신, 아까부터 묘하게 신 난 거 같은데? 미카엘라는 한쪽 어깨가 드러나게 옷을 잡아 내리기까지 한다. 새하얀 그녀의 어깨만으로도 자극이 굉장해 나는 좀처럼 눈길을 뗄 수 없었다.

"아니, 그래도 이건! 왜 갑자기 벗어!"

내가 당황해서 말을 더듬자 미카엘라는 곧 맑게 웃음을 터뜨린다.

"이런 저질. 뭘 그리 진지하게 받아들이니? 농담이란다."

"뭐?"

"소녀는 결혼 전에는 허락할 생각이 없단다. 유제아, 네가 혼인 신고서라도 가져오면 고려해 보겠다."

"아……."

당했다는 생각이 가장 먼저 들었다. 이럴 수가. 다 연기였던 건가? 어쩐지 대사가 너무 자극적이었지. 아… 뭐랄까, 황망한 마음을 감출 길이 없구나.

"유제아, 그대는 정말 놀리는 보람이 있구나. 그렇게 당황해서는 어쩔 바를 몰라 하다니."

"…뭐야, 농담이었나."

그래도 안도의 한숨이 나왔다. 설마 미카엘라가 이런 장난을 칠 줄이야. 생각도 못했기에 완전 당해버렸다. 앞으로 조심해야겠는걸. 그건 그렇고 역시 저런 개목걸이는 곤란하지 않을까?

"가져가서 바꿔올게. 미안."

멀쩡한 걸로 다시 가져오겠다고 하자 미카엘라가 고개를 흔든다. 그러자 그녀의 목에 걸린 하트 모양의 작은 자물쇠가 흔들거렸다.

"아니, 소녀는 괜찮다."

"에? 정말? 그거 뭔지 아는 거? SM소품이라고. 파트너를 구속하는데 쓰는 거야."

"호호. 그대야 말로 야한 것만 알고 유행은 모르는 구나."

들어보니까 요즘 이건 초커 목걸이라고 불린단다. 원래 서브 컬쳐 쪽에서 유행하던 거지만 이제는 대중에게도 친숙해졌다나.

"TV의 연예인들이 너도나도 차고 나오는 바람에 익숙해진 물건이란다. 보기에 꽤 예쁘기도 하고."

살다보니 이런 개목걸이가 유행하는 날도 다 왔구나. TV를 통 안 보니까 몰랐네.

"뭐야, 그런 거였나? 메타트론 녀석, 말은 그렇게 해도 찰 수 있는 형태로 바꿔놨구나. 정말 그 녀석 답네."

미카엘라 역시 그렇다는 듯 고개를 끄덕인다.

"특히 이 스타일은 월화 드라마인 '또 사랑해!'의 여주인공이 인디밴드 시절에 차고 다니던 것과 거의 흡사하단다. 솔직히 말하면 나쁘지 않구나."

"음? 드라마 좋아하는구나?"

별 생각 없이 물었는데 그 순간 미카엘라가 딱딱하게 굳는다. 뭐지?

"사랑 얘기 같은 거 좋아하지?

다시 별 의미 없이 묻자 미카엘라가 폭발했다.

콰앙! 하고.

"아아아아아니! 아니다. 위대한 대천사인 내가 그런 로맨스를 볼 리가 없잖니. 하하하하하! 오, 오해가 심하구나, 유제아."

허, 이건 뭐랄까.

아무 뜻 없었는데 상대가 이리 극렬하게 반응하니 무척 당황스럽네. 아무래도 미카엘라는 지엄한 대천사가 알콩달콩한 사랑 얘기를 보면 안 된다고 생각하는 듯했다.

호오, 그렇단 말이지.

씨익.

내 얼굴에서 웃음이 짙어졌다.

"유, 유제아? 소녀가 보기에 갑자기 얼굴이 사악해진 것 같구나?"

"아니, 뭐 그럴 리가 있나."

나는 아무렇지도 않다는 듯 새끼손가락으로 귀를 파며 대꾸한다.

"정말 잘 어울리네. 태양의 대천사와 풋풋한 로맨스가 말이지. 이야, 우리 미카엘라. 보기보다 소녀 같구나. 남몰래 그런 사랑 얘기를 보며 눈물 흘렸다 그거지."

"우, 우, 우, 울다니! 천부당만부당하다! 유제아! 모함은 그만두는 거다! 그리고 그런 걸로 소녀를 협박해 봐야 소용없단다. 소녀가 꼼짝이나 할 것 같니!"

"그래? 그러면 메타트론에게 이 얘기해도 좋은 거지?"

"으아아앗!"

미카엘라는 급기야 두 손으로 얼굴을 감싸고 어쩔 바를 몰라했다. 그나저나 메타트론도 그렇고 얘도 그렇고, 가까워지고 나니까 캐릭터가 급격하게 변하는데. 지금 모습을 보면 그 무표정 쿨데레 대천사는 어디로 가 버린 지 알 수가 없다. 결국 미카엘라는 눈가에 눈물을 머금고는 내게 백기를 들었다.

"원하는 것을 말하렴. 소녀가 순종할 테니까. 그러니 이 건을 비밀에 묻어주지 않겠니? 사실 소녀는 TV드라마 시청이 유일한 낙이란다. 대천사답지 않다고 해도 월화 드라마는 양보하지 못한다!"

요즘 월요일, 화요일에 재밌는 게 하는가 보구나.

"딱히 못 보게 하겠다는 건 아니야. 수목 드라마도 보고 주말 드라마도 봐."

"정말이니? 소녀가 그래도 좋은 건가?"

"그래. 하지만 대신."

"대신?

조건이 걸리자 긴장한 표정의 미카엘라.

나는 손을 뻗어 그녀의 초커 목걸이를 붙잡았다. 그리고 잡아당기자 미카엘라는 순순히 내게 딸려온다. 초커 목걸이 안쪽으로 들어간 내 검지가 그녀의 날렵한 턱을 들어올렸다. 미카엘라는 그저 떨리는 눈동자로 나를 올려다보고 있었다. 나는 만족한 표정으로 그런 미카엘라의 머리를 쓰다듬었다. 반면 미카엘라는 무척 긴장한 얼굴이다.

"소녀에게 명령하려 그러니?"

지배 관계기 때문에 만약 명령을 내린다면 나는 지금 이 자리에서 그녀의 무엇이라도 가질 수 있다. 지금 긴장된 숨결 때문에 크기 부풀어 올랐다 가라앉길 거듭하는 저 풍만한 가슴도 원 없이 즐길 수 있겠지. 하지만 나는 그런 관계를 원하지 않는다.

"명령은 하지 않아. 다만 부탁할 뿐이야."

"소녀에게, 무엇을…?"

나는 대답 대신 초커를 잡고 있던 손을 풀은 뒤, 손등을 그녀의 얼굴 쪽으로 내밀었다.

"음?"

미카엘라는 무슨 뜻인지 모르겠다는 듯 고개를 갸웃거린다.

"미카엘라, 나를 주인님이라고 불러봐."

그 말에 미카엘라는 놀란 듯하더니 곧 불만스러운 얼굴로 입술을 뾰족 내민다.

"…우정에 그런 게 필요한 거니?"

그녀의 얼굴은 수치 때문인지 은은하게 상기되어 있었다. 하지만 모멸감을 느끼거나 기분이 상한 기색은 아니다. 나를 올려다보는 얼굴에는 내 짓궂음을 타박하는 기색만 느껴진다.

"네가 자초한 거야. 순종한다느니 어쩌니 하면서 나를 들었다 놨다 했잖아. 누가 위고 누가 아래인지 좀 알려주고 싶은데."

"흥, 사내가 쪼잔하구나."

"애초에 왜곡된 관계로 시작했잖아. 조금 왜곡된 우정도 괜찮지 않을까? 너도 알겠지만 우정이란 평등한 관계가 아니라고."

내 말이 미카엘라는 잠시 고민하더니 묻는다.

"…소녀가 그리 행동하면 유제아 너는 기쁜 것이니?"

"그래. 아무도 네게 그런 호칭은 들을 수 없을 테니까."
"다, 당연하다! 소녀는 누구도 주인님이라고 부르지 않는다."
"그렇다면 나는?"
"……."
내 물음에 미카엘라가 고민한다. 하지만 그녀답게 빠르게 결정을 내렸다.
"유제아, 소녀의 지배자. 네가 기뻐한다면 소녀는 기꺼이."
미카엘라는 무릎을 꿇은 채 양손으로 내민 내 손을 잡는다. 그리고는 곧 내 손등에 입술을 맞췄다.
쪽.
짧고 사랑스러운 소리였다.
미카엘라는 곧 그대로 날 올려다보더니 속삭인다.
"주인님."

몬스터 웨이브 이후 많은 것이 끝났다.
하지만 새로 시작된 것 역시 많았다.
미카엘라와 나와의 관계도 그런 새로운 시작 가운데 하나였다.

(다음 권에서 계속)

외전-여름의 천사들

몬스터 웨이브가 끝나고 나자 노량진은 일상으로 돌아왔다. 연일 건물이 올라가고 새로운 인물들이 방문하는 노량진의 모습을 보면, 언제 그런 대전쟁이 있었냐는 듯한 모습이다. 나는 간만의 평화를 맛보며 보고서를 읽고 있었다.

"방어파 친구들이 뭉치고 있다고 하네?"

지난번에 왕을 죽이겠다는 내 선언에 대한 반동이 나타나고 있었다. 서열 3위의 대천사 가브리엘로 대표되는 방어파가 최근 활발히 만나고 있다는 소리였다. 메타트론은 예상했다는 듯 심드렁한 반응을 보인다.

"그 겁쟁이들끼리 또 몰려와서 공격은 무리라고 해대겠지. 흥! 그 놈들은 자기 신성지에 박혀 있는 것 말고는 할 줄 아는 게 없다."

아무래도 방어파와의 대결은 피할 수 없는 일이겠지.

"중도파 쪽은 혼란스러운 듯해. 이후디엘과 라미엘은 자기들 위원이 나랑 충돌한 게 문제지. 그리고 서열 4위 라파엘 같은 경우는 천사들 중 왕따 같은 존재라 어떻게 나올지 알 수 없고."

내가 계속 보고서를 보며 말하자 메타트론은 살짝 짜증을 낸다.

"됐다. 됐다. 당분간 그런 문제는 잊자꾸나. 최근까지 난리지 않았느냐. 휴식은 적절히 필요한 법이다."

일리있는 말이었기에 나도 보고서를 치웠다. 그렇게 따분하고 평화로운 시간이 흘러갔다.

"무료하구나."

메타트론은 만화책을 넘기면서 중얼거린다.

"그러면 보고서를 다시 검토해 볼까?"

"호, 여주인공이 잡혀갔군. 정말 따분한 클리셰가 아닌가? 게다가 이 여주인공 금발거유인 게 어디 사는 미카 뭐시기가 생각나서 기분이 나쁘구나."

"……."

기대를 말아야지.

"지루하다. 덥기는 너무 덥고."

"너 말이야. 적당히 좀 늘어져."

내 항의에도 불구하고 메타트론은 먼 곳을 보는 듯한 태도로 중얼거린다.

"그러고 보니 강원도의 경치가 참 멋졌었지. 경황이 없던 탓에 제대로 즐기지 못했구나. 지금 생각해보니 아쉬운 일이 아니더냐."

"아, 거기 말이구나."

지금 메타트론이 말하는 곳은 오대산 국립공원의 소금강 계곡 일대다. 계곡의 풍광이 정말 끝내주긴 했었다. 메타트론은 다시 한 번 그곳에 가고 싶다고 했다.

나도 사실 그 심경이 이해가 되는 게, 여기 노량진 풍경이 좀 삭막해야지. 폐건물에 뿌옇게 날리는 흙먼지, 각종 공사의 소음에, 한여름의 열기까지. 도저히 건물 밖으로 나가고 싶지 않은 모양새였다. 반면 소금강계곡은 여름임에도 서늘하고 참 기분 좋았었지.

"뭐, 좋아. 가자. 까짓것 못 갈 것도 없지."

"유제아! 그게 정말이냐! 가서 수영하고 물고기도 잡을 수 있는 것이더냐!"

"그래."

이틀 정도는 놀고 와도 괜찮을 거다.

"캠핑하고 오자. 저녁에는 고구마도 구워먹자. 어때?"

"꺄아아아!"

메타트론은 감격해서는 방방 뛰어댔다.

"고구마도 구워먹는다고? 가자! 당장 가자꾸나!"

"소세지까지 먹는 건 어때?"

"소, 소세지까지? 유제아, 무리하는 것 아니느냐? 어쩜 그리 호화로울 수가!"

결국 우리는 재빨리 캠핑 장비를 챙겨서 강원도로 향했다. 이전에 산달폰 클랜을 찾으러 갔을 때 썼던 게 있어서 준비하긴 쉬웠다. 필요한 식재료만 사서는 곧장 출발했다.

"참, 메타트론 할 말이 있는데."

"만화책도 챙겼고 초코우유도 있고 오늘밤은 텐트에서 즐겁겠구나. 응? 무엇이냐?"

"아냐, 별로 중요한 건."

"원, 싱겁기는. 참, 카드 게임도 하고 싶다. 챙겼느냐?"

"아, 깜빡했네."

"유제아, 이놈! 이놈! 그런 중요한 걸 빼먹다니."

목적지까지는 오래 걸리지 않았다. 한 시간 정도 날아가자 소금강 계곡에 도착할 수 있었다.

"절경이네."

기암괴석과 울창한 살림. 투명하고 깨끗한 계곡물을 보니, 평화로웠던 시절에는 등산객들 사이에서 명소로 통했을 것 같다. 일전에 왔을 때 바위가 근사해서 기억이 난다. 90도 수직으로 꺾인 바위 아래에는 수량이 풍부한 계곡물이 흐르고 있었다.

궁금해서 계속 검색해 보니까 식당암이란 곳이었다. 어쩐지 특별해 보인다 싶으니 이름이 붙은 장소였구나. 내력을 보니 신라 패망 후 마의태자가 군사를 이끌고 와 성을 쌓고 밥을 먹인 곳이라 한다.

"야호! 물고기 잡으러 가자꾸나! 신난다!"

깨끗한 계곡물을 보니 메타트론은 완전히 업된 상태다. 하긴 저런 물에 들어가면 온갖 스트레스가 싹 날아갈 것 같았다. 일단 근처 적당한 곳에 텐트를 설치했다. 완성하고 먼저 들어가서 수영복으로 갈아입고 나왔다.

"에이! 레이디 퍼스트로 모르느냐?"

"여자아이는 시간이 많이 걸리잖아. 그러니까 내가 먼저 갈아입는 게 합리적이지."

"하긴 그것도 그렇구나. 유제아, 너는 마법소녀냐? 어떻게 들어가자마자 수영복이 되어서 나오느냐?"

원래 남자는 옷 갈아입는 시간이 굉장히 빠르다. 훌러덩 벗고 팬티 같은 수영복만 착! 입고 나오면 끝이거든.

"메론이는 천천히 갈아입어도 좋아."

"너마저 날 메론이라 부르느냐. 유지아가 사람을 여럿 버려놓는구나. 본녀의 서열 1위로서의 위엄은 대체 어디…."

투덜거리며 들어간 메타트론. 한 10분 정도 지났을까?

곧 수영복 차림으로 나타났….

"푸앗!"

갈아입고 나온 메타트론을 보고 나는 뿜을 수밖에 없었다. 그게 애니메이션에서 많이 보던 스쿨미즈란 수영복이었기 때문이다. 그것도 새하얀 스쿨미즈로 가운데는 이름표까지 붙어 있었다. 그 이름표에는 예쁜 손글씨로 메타트론이라고 써 있었다.

"그 수영복 누가 사준 거야?"

"산달폰이 사줬다. 어떠냐? 예쁘지 않느냐? 이것이면 몸의 맵시를 보여주면서도 노출이 심하지 않아 본녀의 마음에 드는 것이다. 수영복이지만 부끄럽지 않다."

메타트론은 뽐내듯 양손을 허리에 올리고 턱을 치켜든다. 뭐 확실히 굉장히 잘 어울리긴 하는데, 메타트론은 스쿨미즈가 뭔지는 모르는 듯했다. 그나저나 대체 산달폰은 왜 언니에게 스쿨미즈를 사줬던 걸까. 풀리지 않는 미스터리였다.

"응, 예쁘다."

그래도 정말 잘 어울리기 했다. 메타트론의 유아체형의 몸매와 스쿨미즈는 절묘한 조화를 이루고 있었다. 확실히 몸의 굴곡이 큰 편은 아니었지만, 충분히 자신만의 매력을 가졌구나. 특히 미성숙해 보이는 몸에 포동포동한 허벅지는 꽤 사랑스러웠다.

"저, 정말 그렇느냐?"

"응."

"그리 말해줘서 고맙구나. 흐흐히히."

메타트론은 살짝 볼을 붉히며 감사한다. 수영복을 칭찬 받은 것이 기분 좋은 듯했다.

"그건 그렇고 왜 수영 모자를 쓴 거야? 여긴 야외라고?"

메타트론은 성실하게도 수영 모자까지 쓴 상태다. 고양이 귀가 달린 귀여운 수영 모자였다.

"산달폰이 이 모자는 수영할 때 언제나 쓰는 거라고 했단 말이다. 토 달지 말거라, 유제아."

"그런 건가."

아무래도 동생한테 속으신 거 같은데. 산달폰은 언니에게 고양이 수영 모자를 계속 쓰게 하고 싶었던 것 같다.

"그나저나 너 가슴이 아예 없지는 않네."

지금까지는 완전 평면인 줄 알았는데 그래도 아담하면서도 존재감을 드러내고 있는 굴곡이 있었다. 예상외인데.

"유제아, 없는 얘기를 해도 본녀가 해줄 건 없다. 오늘따라 칭찬이 과하구나."

저기, 자기 자신에 대해 평이 너무 박한데.

"아냐. 그래도 제법 부풀어 올랐는데?"

"너 말이다! 소녀에게 젖가슴이 부풀어 올랐느니 마느니 하는 소리를 아무렇지도 않게 하는구나. 이런 구제불능의 변태를 보았나. 발목에 전자발찌가 없는 게 이상할 지경이다."

"미안."

"사실은 좀 자란 것도 같긴 하다. 본녀도 어쩌면 희망이 있는 건지도 모른다."

"정말?"

"그렇다. 참, 이 기회에 한 번 재볼까? 줄자라도 있느냐? 유제아. 있으면 본녀의 사이즈를 재 보거라."

"그래도 돼? 여자의 사이즈는 민감한 정보인데."

"이제 와서 뭘 감추겠느냐. 슬프지만 민감해지기도 어려운 사이즈다."

"좋아. 그러면 기다려봐."

나는 줄자로 메타트론의 흉부를 측정했다. 음, 이럴 수가. 어떻게 70도 못 넘는 거지. 불치병에 걸린 환자에게 어떤 말부터 꺼내야할지 망설이는 의사처럼 나는 어렵게 입을 열었다.

"그… 저기 말이야… 69인데…."

"뭐라! 어쩜!"

역시 실망하려나?

그런데 갑자기 메타트론이 방방 뛰며 좋아하는 거다.

"전에는 68이었는데 1센티미터 자란 것이다! 세상에! 본녀도 희망을 가져도 좋은 것인가!"

그 말을 듣던 나는 곧 이마에서 땀을 삐질삐질 흘리기 시작했다. 사실 내가 쓰는 줄자는 앞부분이 살짝 잘려있어서 측정 후 1센티미터를 빼야 정확하다. 결과적으로 메타트론의 흉부는 전혀 발전이 없었다는 거다.

"만세! 만세!"

혼자 좋아하는 메타트론을 보니 차마 입을 열 용기가 안 났다. 세상에는 묻어놔도 좋은 일이 있겠지. 그런데 표정에서 티가 나고 말았다. 쓸데없이 이럴 때만 눈치가 빠른 메타트론은 이걸 놓치지 않았다.

"무엇이냐? 무엇을 숨긴 것이야? 지금 그 표정을 보니 뭔가 있구나!"

"아, 그게. 아니야."

"뭐야! 어서 말해 보거라!"

곧 메타트론의 추궁이 이어지자 나는 사실대로 실토할 수밖에 없었다. 메타트론이 멍한 표정이 된다. 그러다 갑자기 소리를 지르기 시작한다.

"그아아아아악!"

큰일이야! 메타트론이 망가졌어!

"히이이이이익!"

"정신 차려!"

충격이 정말 컸던 듯 날뛰기 시작한 메타트론. 나는 급한 대로 발로 차서 식당암 아래의 계곡물에 메타트론을 빠뜨렸다.

풍덩!

찬 물을 뒤집어쓰면 정신을 차리겠지. 그런데 곧 메타트론이 두둥실 떠오르더니 계곡물에 쓸려서 떠내려가기 시작했다.

둥둥.

"메타트론!"

이런 황당한. 대군주급도 때려잡는 여자가 물에 빠졌다고 정신을 잃어? 나도 재빨리 계곡물에 뛰어들어 메타트론을 향해갔다. 그리고 그녀를 건져냈다.

"정신 차려."

그런데 다행히 메타트론은 정신을 잃고 있던 게 아니었다. 그녀는 작은 목소리로 중얼거리고 있을 뿐이었다.

"역시 자라지 않는 것이냐…. 이제 희망은 어디에도 없다. 진작 내 가슴에는 마침표가 찍혔던 거다."

"메타트론…."

그녀의 뺨에는 물기가 가득했다. 이게 계곡물인지 눈물인지, 나는 알 길이 없었다.

"내가 잘못했어. 내가 사과할게."

"그대가 무슨 잘못이겠느냐. 본녀의 가슴이 잘못한 거지."

지나치게 비관적으로 변했다. 아무래도 화재를 돌려야겠는데. 그러고 보니 할 말이 있었지.

"메타트론, 조금 있다가 말이야."

"응?"

"지아 누나랑 스이엘 그리고 미카엘라도 여기로 올 거야."

"뭐라! 그게 무슨 소리더냐! 유제아! 그걸 왜 이제 말하는 것이야."

"말하려고 했지. 기회가 없어서 그렇지."

메타트론과 미카엘라는 잘 화해하긴 했지만 둘 사이에 약간의 어색함이 아직도 보였다. 앙금이 있다기 보다 서로의 마음을 솔직히 고백한 탓에 부끄러워하고 있다고 할까. 그래서 이번 기회에 그런 점을 다 날려버리고자 미카엘라를 부른 것이다. 아무래도 같이 놀다 보면 친해질 테니까.

"왜 미카엘라가 싫어?"

"아니, 그런 게 아니다. 유제아, 바보! 그래도 미리 말을 해줬어야 하지 않느냐."

나는 곧 메타트론이 이리 당황하는 이유를 알 수 있었다. 그녀가 허둥대며 자신의 뽕을 찾았기 때문이었다. 아차! 생각을 못했네. 메타트론의 가슴 패드는 엄정한 비밀이었지. 그런데 수영복을 입고 같이 노는 상황이니 메타트론에겐 당황스러울 것 같았다.

"그래도 수영복이 티가 안 나서 다행이네."

스쿨미즈라 가슴이 다 가려져 있는 탓에 패드를 넣어도 티가 거의 안 났다.

"저거 미카엘라 아니더냐? 벌써 온 것이냐?"

메타트론이 가리킨 쪽의 하늘을 보니 미카엘라, 스이엘, 지아 누나가 날아서 오고 있었다. 그들은 곧 도착했다.

"제아야!"

지아 누나는 땅을 딛자마자 내게 달려온다.

"나! 나! 마법으로 처음 날아봤어! 엄청 재밌었다고."

듣자니 미카엘라가 마법을 써줬다고 한다.

"재밌었다니 다행이네. 미카엘라, 스이엘. 어서 와."

"초대해 줘서 고맙구나."

"나도 고마워, 유제아!"

그나저나 다들 꽤 더워 보이는구나. 바로 수영을 하자고 청했다.

"저기 텐트에서 갈아입고 나오면 돼."

내 말에 셋은 신 나서 떠들며 텐트로 들어갔다. 지아 누나는 어느 틈에 미카엘라와도 친해진 거지.

"메타트론."

"우우……."

메타트론은 입이 잔뜩 나와 있었다. 아무래도 이 갑작스러운 사태에 삐친 것 같다.

"다행히 안 들킨 것 같아."

"흥. 위험했지 않느냐."

여전히 뿌루퉁한 기색. 아무래도 내가 실수했나. 메타트론은 혹시라도 자신의 비밀이 들킬까 싶어 전전긍긍하는 모습이었다. 이미 즐겁게 놀 마음은 저 멀리로 사라진 것 같았다. 어쩌지 싶었는데 그때 옷을 갈아입은 삼인방이 나타났다.

"와……."

수영복을 입은 셋의 모습에 나도 모르게 입이 벌어졌다. 미카엘라는 하늘색 비키니 수영복을 입었는데 자신의 파괴적인 몸매와 너무 잘 어울렸다. 티 하나 없이 깨끗한 대리석 같은 살결이 햇빛은 반사하며 여름의 여신 같은 자태를 뽐내고 있었다. 특히 저 새하얗고 출렁거리는 무언가 때문에 시선을 어디다 둬야 할지 알 수가 없었다. 그리고 목에 걸린 분홍색 하트 자물쇠가 달린 초커가 비키니와 무척 잘 어울렸다.

"유제아, 나 이 수영복 어울린다고 생각하니?"

미카엘라가 조심스레 내게 묻는다.

"응, 최고로 멋져."

짧게 대답한 나는 부지런히 손가락을 놀렸다.

찰칵. 찰칵.

스마트폰으로 나도 모르게 촬영을 시작했던 것이다.

"앗! 앗! 그렇게 찍어대면 싫어."

미카엘라는 가슴을 두 손으로 가리며 부끄러워했다. 그러거나 말거나 나는 촬영을 계속… 하려고 했지만 지아 누나에게 제지당한 뒤에 멈출 수밖에 없었다.

"미카엘라, 역시 무서운 아이. 우리 제아가 딱히 변태가 아닌데 저리 사진부터 마구 찍게 만들다니."

"아, 누나. 미안. 나도 모르게…."

"아니야, 이해한단다. 동생아. 저런 몸은 같은 여자가 봐도 설레는데 남자인 네가 정신을 차릴 리가 없지."

"이해해줘서 고마워."

"자, 그러니 미카엘라 대신 이 친누나를 찍으렴."

지아 누나는 빼앗은 스마트폰을 돌려주더니 내 앞에서 모델처럼 포즈를 취한다. 뭐야, 방금 찍은 미카엘라 사진이 모조리 지워져 있어?! 대체 그 짧은 사이에 어떻게. 아까워서 피눈물을 흘리는데 지아 누나는 아랑곳하지 않고 자기 수영복이 어떠냐고 물어온다.

"응, 예쁘네."

"미카엘라에 비해 반응이 건조하잖아?"

"친누나인데 그럴 수밖에 없지. 뭘 더 바래."

"아니, 누나니까 가슴이라던가 찍어도 괜찮잖아?"

지아 누나는 하얀 수영복을 입었는데 무척 잘 어울렸다. 깨끗하고 아름다운 누나에게 딱이었다. 우리 누나긴 하지만 진짜 예쁘긴 하다.

"유지아, 친동생 앞에서 너무 주책이야."

이때 스이엘이 끼어들어 지아 누나를 밀어냈다. 그리고 내 앞에서 수영복을 뽐낸다.

"어때? 몸매라면 나도 제법 자신있다고. 앞에 둘처럼 흉부가 규격 외는 아니지만, 밸런스라면 이 스이엘님이지."

스이엘은 귀여운 비키니를 입고 있었는데 과연 본인 입으로 자랑할 만큼 예쁜 몸매였다. 크지도 작지도 않은 딱 적당한 가슴과 아담한 편인 체구. 누가 봐도 사랑스럽고 예쁜 몸이었다.

찰칵. 찰칵.

이번에도 나도 모르게 촬영모드를 키고 알아서 움직였다. 그러자 스이엘이 두 팔을 위로 뻗으며 웃어댄다.

"와, 나도 괜찮은가 본데!"

그러자 나머지 둘이 얼른 끼어든다.

"제아야, 왜 누나는 안 찍는 거야?"

"유제아. 지아가 사진을 지웠다고? 만약 다시 찍겠다면, 나는 네 것이니 거절하지 않겠…."

이렇게 셋에게 둘러싸여 있던 그때 뒤에서 음습한 한기가 느껴졌다. 뭔가 예감이 좋지 않았다. 외면하고 싶다. 고개를 돌리면 좋지 않은 일이 일어날 것 같았다. 하지만 그랬다가는 더 큰일이 터지겠지. 어쩔 수 없이 돌아보니 이쪽을 노려보고 있는 메타트론이 있었다.

"좋겠구나. 젖통을 홀라당 깐 빗치들을 맘대로 찍을 수 있어서. 유제아, 내 수영복에는 폰을 꺼내지도 않더니 저 녀석들 앞에서는 손이 절로 움직이는 것이냐? 으득!"

아, 큰일 났다.

진짜 제대로 화난 눈치였다. 메타트론의 백그라운드로 검은 원한의 아지랑이가 피어나고 있었다. 가슴은 메타트론에게 역린인데. 서둘러 달래는 수밖에.

"오해다, 메타트론. 내가 제일 귀엽다고 생각하는 건 너야."

"그, 그런 것이냐? 하지만 본녀에 대해선 저런 반응을 안 보여줬었는데…."

"아니다. 너는 평소에도 귀여웠기 때문에 이미 촬영하고 있었다."

나는 곧 스마트폰의 비밀 폴더를 열어 사진을 보여줬다. 거기에는 요리하는 메타트론의 모습이 찍혀있었다. 이 녀석, 요리할 때 무척 귀엽기 때문에 몇 번 몰래 사진을 찍었었다.

"어때?"

내 물음에 메타트론이 얼굴을 붉힌다. 그러다 곧 벌컥 화를 냈다.

"뭘 자랑스레 내밀고 있는 것이야! 결국 도촬이잖느냐! 이 변태! 범죄자!"

퍼억!

"흐억!"

그대로 걷어차인 나는 식당암 아래의 계곡물로 입수하고 말았다. 물이 아주 기분이 좋았다.

"변태! 변태! 변태! 언제 이렇게 본녀를 찍은 것이냐!"

"앗! 지우지 마! 내 콜렉션이!"

“시끄럽다! 본녀는 이런 도촬은 싫다!”

부지런히 액정을 만지는 메타트론.

어쨌든 그 덕에 완전히 기운을 차린 듯했다. 그때 미카엘라가 슬쩍 메타트론의 뒤로 다가가고 있었다. 그러더니 메타트론을 껴안는다.

“앗! 슴뚱! 무엇이냐! 으앗!”

미카엘라는 그대로 메타트론을 안고 마치 논개처럼 계곡물로 뛰어들었다.

풍덩!

물이 요란하다.

뒤이어 스이엘과 지아 누나도 따라서 뛰어내린다.

곧 요란한 웃음소리와 함께 난리가 났다. 서로 물을 뿌리며 물놀이가 시작됐다. 화를 내던 메타트론도 이쯤 되자 결국 맑게 웃음을 터뜨리며 놀기 시작한다.

다행이다.

다들 정말 사이좋은 거 같아서.

서로 배신하고, 실망하고, 오해하고… 이들의 관계는 참 위험했었다. 조금만 잘못했어도 눈앞의 이런 모습과 결말이 달라졌을지도 모른다.

아마 끔찍한 결과였겠지.

하지만 지금 모두는 아이처럼 웃으며 물놀이에 흠뻑 빠져있었다. 그리고 내가 이런 관계를 만드는데 공언한 건 나름대로 자부심을 느낀다. 한 발만 엇나가도 모든 게 불행해졌을지도 몰랐는데, 꽤 잘해내지 않았나. 이 여름의 순간, 지나가는 시끄러움, 나는 내 노력에 대한 모든 보상을 받은 기분이 들었다.

"자, 여기 있다."

한창 놀던 메타트론이 스마트폰을 건넨다. 물에 잔뜩 젖었지만 요즘 제품은 방수가 기본이라 문제없었다.

"도촬했던 건 다 지워 놨다."

"알았어, 몰래 찍어서 미안. 네가 너무 귀여워서."

"그… 그…."

"응?"

"한, 한 장은 남겨두었다. 바보. 그리고 다음부터는 찍고 싶으면 말하거라. 유제아 너라면 거절하거나 그러지는 않을 테니."

그리 말하고 도망가듯 멀어지는 메타트론.

이미 여자들은 그물로 물고기를 잡는다고 난리였다.

폰을 열어보자 그곳에는 사진이 하나 남아 있었다. 내가 몰래 찍었던 건 아니고 새로 찍은 셀카였다. 사진에는 메타트론, 미카엘라, 스이엘, 지아 누나가 카메라를 보며 환하게 웃고 있었다.

마치 한여름처럼 빛나는 미소였다.

메타트론

작가 후기

안녕하세요. 박제후입니다.

2권 후기에서는 미카엘라에 관해서 이야기 해 보겠습니다. 이번 권에서 미카엘라는 과거에 묶여 충격적인 방법을 사용합니다. 태양의 대천사란 위명에 어울리지 않는 모습이었죠. 하면 그녀는 왜 그리 산달폰의 죽음에서 벗어나지 못했을까요? 저는 그게 강력한 정서 기억* 때문이라고 생각합니다. 산달폰의 죽음은 당시 그녀에게 다시없을 충격적인 사건이었을 것입니다. 고통, 슬픔, 두려움 같은 온갖 부정적인 감정에 사로잡혔죠. 그리고 그건 불행히도 시간 속에서도 무뎌지지 않았습니다.

오히려 시간이 흐를수록 그 정서 기억이 강해졌을지도 모릅니다. 처음에는 그저 사실주의적인 기억이었을 테지요. 쓰러진 산달폰, 웅덩이처럼 고인 피, 마법이 만든 파괴 흔적들… 하지만, 그것은 점점 슬픔이나 두려움 같은 감정으로 변해서 그녀의 마음을 채워갔을 겁니다. 죽어가는 산달폰의 얼굴은 슬픔으로, 웅덩이처럼 고인 피는 두려움으로 변해갔겠죠. 미카엘라는 꿈을 꾸는 순간이면 당시의 기

---

* 정서 기억Emotion Memory이란 스타니스랍스키의 〈배우 수업〉에 등장하는 단어로, 과거의 감정을 되살려주는 강력한 기억을 말합니다. 대개 충격적인 사건이겠죠.